「インドと数学」その不思議

大槻正伸 著

電気書院

「インドと数学」その不思議
目次

まえがき ……………………………………… 1

第1章　2けたのかけ算を楽々やってみよう ……… 5
　1-1　記号の約束 ……… 6
　1-2　実践2けた×2けたの速算法 ……… 7
　1-3　各速算法の解説 ……… 11

第2章　位取りの記数法とゼロの発見の話 ………23

第3章　0と負の数をめぐる計算の話 ………………35
　3-1　全体的に眺めると ……… 38
　3-2　「数とは何ぞや」の話 ……… 39
　3-3　実数の基本法則について ……… 42
　3-4　0と負の数に関する計算 ……… 47
　3-5　0と割り算の話 ……… 53

第4章　すべての数はラマヌジャンとお友だち ……… 59

第5章　素数をめぐる話題 ……………………… 75
5-1　素数と素因数分解 ……… 76
5-2　素数の分布の話 ……… 78
5-3　素数判定と素因数分解の話 ……… 82

第6章　暗算の力と数学者・プログラマー ……… 91

索　引 ……………………………………… 101

0

まえがき

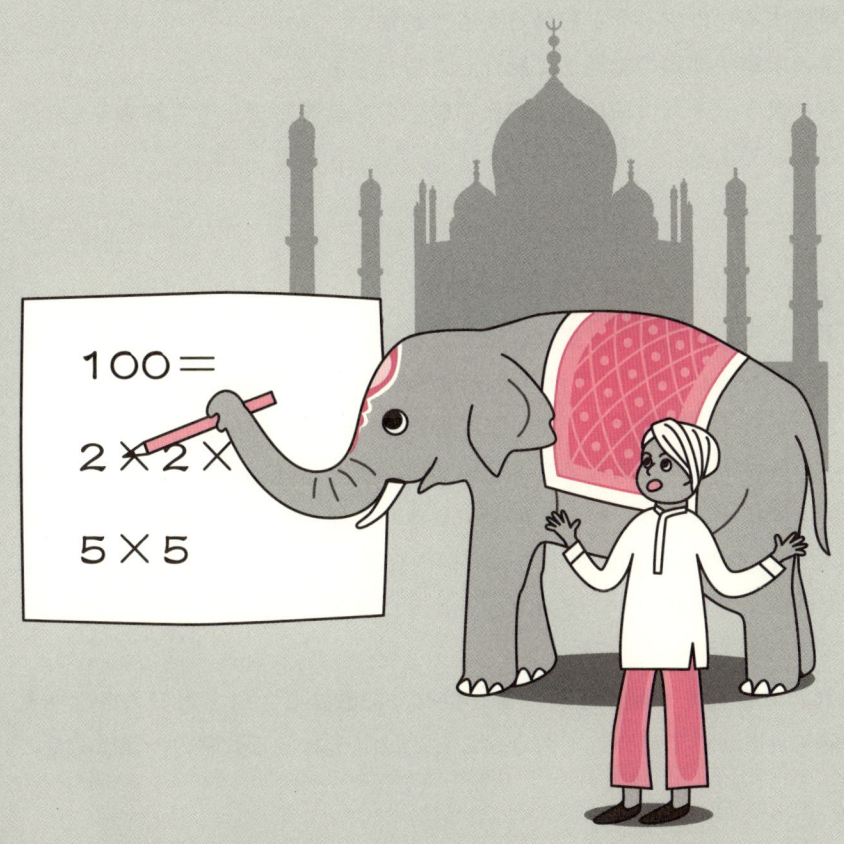

まえがき

現在，世界中でインドの優秀な人たちが活躍している．

特に数学の分野やコンピュータのプログラム（ソフトウェアエンジニアリング）の分野での活躍ぶりが注目を集めている．

また一方で，その活躍する人たちの力のもとはインドの数学教育にあるのではないか，ということでインド式の計算，暗算，速算法の本やドリルも多数出ている．

本書では，あらためて「インドと数学」をキーワードに，いろいろな話題について日ごろから著者が考えていることを含めてお話させていただいた．

数学に興味のある人だったら，中学校卒業程度の数学の知識があれば，十分興味深く読んでいただけると思っている．

したがって，読者としては，高校生，大学生，一般人で少しでもインドと数学に興味を持たれている方々を想定している．

各章は独立しているので，ぱらぱらとめくり興味ある章から読んでいただけると思う．

数学が苦手だ，あるいは苦手だったというような方たちにも参考になるのではないかという章も用意させていただいたので，多くの方々に話題提供ができればと考えている．

内容は，以下に簡単に紹介してあるが，決してむずかしい数学を使うというようなものでなく，中学の数学程度の知識があれば読めるようになっている．

いや，ほとんどは小学校の算数の知識があれば理解できるようにしてあるが，実際のところは，中学生が通読するには少し骨がおれるかもしれない．

中には，現代数学の未解決問題の話題まで紹介した部分もある．

このようなインドと数学，それに関係する現代の数学のお話を，少しでも興味をもって読んでいただけたら幸いである．

〈本書の内容〉

第1章 2けた×2けたのかけ算を行う速算法の提案

かけ算のみならず，さまざまなインド式速算法が近年注目されており，ドリルなども多数世に出ている．ここでは，特に，すぐに2けた×2けたのかけ算が暗算でできる方法を（インド式という枠にとらわれずに）提案し，そしてその理由もつけて解説した．

本書では，速算法の他にもいろいろなインドと数学にかかわる話題で，できれば，現代数学，今後の数学にも関係するような斬新な部分もやさしく紹介したかったので，速算法については2けた×2けたのかけ算に関するものに内容をしぼり，しかし理由をごまかさずに，中学校程度の数学で理解でき，実践できるように提案してみた．

第2章 現在，われわれが数を表現する際に使う位取り記数法とインド人の大きな発見と言われる「0の発見」について紹介してある．ここでは，それほど数字の知識は必要としない．

第3章 0と負の数に関する演算

　インドで0が発見された後に，0に関する計算を行う必要が出てきた．

　この章では，0に関する計算，それから負の数（マイナスの数）の計算を現代数学ではどう考えているのか，についてかなり詳しく解説した．

　といっても内容は，

「0に何をかけても0になるのはなぜ？」

「マイナス×マイナスがプラスになるのはなぜ？」

というような ── 日ごろはそう覚え込んでいて，改めて聞かれると，はたと困ってしまうような ── 問について，本当の理由をなるべく曖昧さを残さずに述べた．

　少し数学的になりすぎた感はあるが，長年「マイナス×マイナスがプラスになる本当の理由を知りたいと思っていたんだよ」という人に読んでいただけばこれで疑問がなくなることと思う．

第4章 インドの生んだ天才数学者「ラマヌジャン」についての紹介

　知る人ぞ知る，驚異的な天才ラマヌジャンを紹介させていただいた．ラマヌジャンの数

学の風景をほんの少しだけ味わうために，「ラマヌジャンの公式」についても（これは証明なしに）少しだけ紹介した．加減乗除の計算以外，数学の知識がほとんど必要なく読めるようになっている．

第5章　近年インドの数学者が大活躍した素数をめぐるお話
　現代暗号にも通ずる素数の話題．特に最近（2002年）インドの3人の数学者が大活躍した話題について解説した．（一応用語などは最初から解説したが）中学校程度の数学，「素数」「素因数分解」という言葉を知っているとなお読みやすいと思う．

第6章　インドの数学教育 —— 特に，子供のうちからかけ算などの計算がすらすらできるようにしてあることなど —— がどのようによいのか，について考えた．数学の知識は全く必要なく読めるようになってる．

　以上本書の内容についておおまかに説明させていただいたが，ここで本書の執筆をすすめて下さった電気書院の田中建三郎氏，またつたない原稿を丹念に整理して下さった同じく電気書院の久保田勝信氏に心よりお礼を申し上げる．

1

2けたのかけ算を楽々やってみよう

まずはじめに速算法の話から入ろう．なんといっても，2けた×2けたの計算がすらすらできると，できれば暗算でできるといろいろなところで役立つ．それが，例えばクラスの全員ができるようになっていたりすると，そのクラスでの数学の授業や理科の授業はすいすい行くのではないだろうか．あるいは，高校受験，大学受験などでも，数学や理科の問題を解くのにずいぶん時間節約ができると思うがどうだろうか．

現在，インド式の計算法の本が多数出ているが，ここでは，それらの中から2桁×2桁のかけ算をすばやく，なるべくなら暗算で行う方法（以下速算法）について，インド式速算法に限らずまとめて考えよう．

ここでは，速算法は2けた×2けたのかけ算しか解説していない．もっと，例えば，3けた×2けたや，4けた×2けたの速算法も，あるいは割り算の速算法も解説したらいいではないか，という声もありそうだが，速算法をこれだけに限った理由は二つある．

一つめの理由は，インドと数学を考える場合，速算法は大変面白い話題ではあるが，話題のほんの一部であるからである．他にも紹介したい話題がたくさんある．後で述べるように理由までつけて速算法を解説したいので，他のいろいろな計算の速算法まで紹介すると，他の話題にさけるページ数もずいぶんとくってしまい，もったいないと考えたからだ．本書では，速算法以外にも，一部，インドの数学と現代数学に関する話題まで踏み込んでやさしく解説してある．

二つめの理由は，現在「インド式速算法」等の楽しいドリル形式の本が多数出ていて，2けた×2けたのかけ算以外にもいろいろな速算法が，興味深く紹介されている．しかし，実際のところ2けた×2けたのかけ算だけでも，全部マスターするにはなかなか根気がいる．

それで，インドの小学校における数学教育の大きな特徴といわれている，2けた×2けたのかけ算のマスターに重点をおいたのである．これだけでもマスターすると，もちろんこれで十分とはいわないが，暗算でこれができるというのは相当なことだと思われるからである．

それでは，さっそく2けた×2けたの速算法について考えてみよう．

1-1 記号の約束

以下では2けた同士のかけ算を「ab×cd」で表すことにしよう．

例えば「12×35（十二かける三十五）」だったら，$a=1, b=2, c=3, d=5$ となっている．

つまりここで，「ab×cd」といった場合，少し代数的にいえば本当は，

$$(10a+b)\times(10c+d) = 100a\times c + 10b\times c + 10a\times d + b\times d$$

を計算することになるわけである．

この本では，読者は中学2～3年以上の数学の知識，すなわち上述の程度の文字式の計算はできるものとして，文字式の計算を使っていろいろ説明していこうと思う．

　図形を使ってその理由を考えるというのも楽しいものだが，今回は紙数の関係上，省略させていただいた．

　さて，多くの本では「こうやればすばやく計算ができますよ．」とだけ言っていて，理由があまり説明されていない場合もあるようである．

　やりかただけの説明の場合はそれでもいいが，「それじゃ，どうしてそれで正しい答が出るの？」という疑問も重要だと思うので，本書では，その理由もいっしょに考えていきたい．理由もいっしょに知っていると，やり方を忘れて「あれ，このときはどうやるんだっけ」となったときでも「そうそう，こうやればいいんだった．」というように思い出せるようになるので，忘れることが怖くなくなるからである．

　実は，余談だが，数学の勉強では，公式を覚えるより，公式の出し方をよく理解した方が確実に実力がつくし，丸暗記するよりも公式そのものを正確にいつまでも覚えていられるものなのである．数学を勉強するときには，めんどうでもぜひそうすることをお勧めする．

　さて，いま述べたように，ここではその理由も示していくつもりではあるが，それがただ一つの説明ではない．読者は別の説明「こうすればもっと分かりやすくていい説明になるではないか．」というような新たな説明を考えたりしながら，いっしょに読み進めていただくとより楽しめるのではないかと思う．

1-2 実践 2けた×2けたの速算法

　さて，それでは，さっそく次ページの奇妙な図を見てみよう．

　この図は「ab × cd」というかけ算をやるのに，いくつかの特徴をまず調べてみて，「この特徴がある場合はこの方法でやると簡単だよ」ということを示してある．

　図には $\begin{array}{r} ab \\ \times 11 \end{array}$ とか，$\begin{array}{r} a5 \\ \times a5 \end{array}$ とかの条件が書いてある．

　そして，条件の右に【速算法①】とか，【速算法②】などと示されている．

　これは何のことかというと，「かける数が11（十一）」だったら（かけられる数が11でも同じことだが），【速算法①】でやれば簡単ですよということを示している．

　同様に，「a5 × a5」（これはつまり，1の位が5の数の2乗），例えば，45 × 45のような場合であるが，そのときは上と同様に「1の位が5の数の2乗を計算するには【速算法③】を使うと簡単ですよ」ということを示しているわけである．

　図の見方はこれでお分かりいただけたと思うが，いかがだろうか．

　実際に暗算で2けた×2けたのかけ算を素早くできるようになるには，多少の訓練を必要とする．

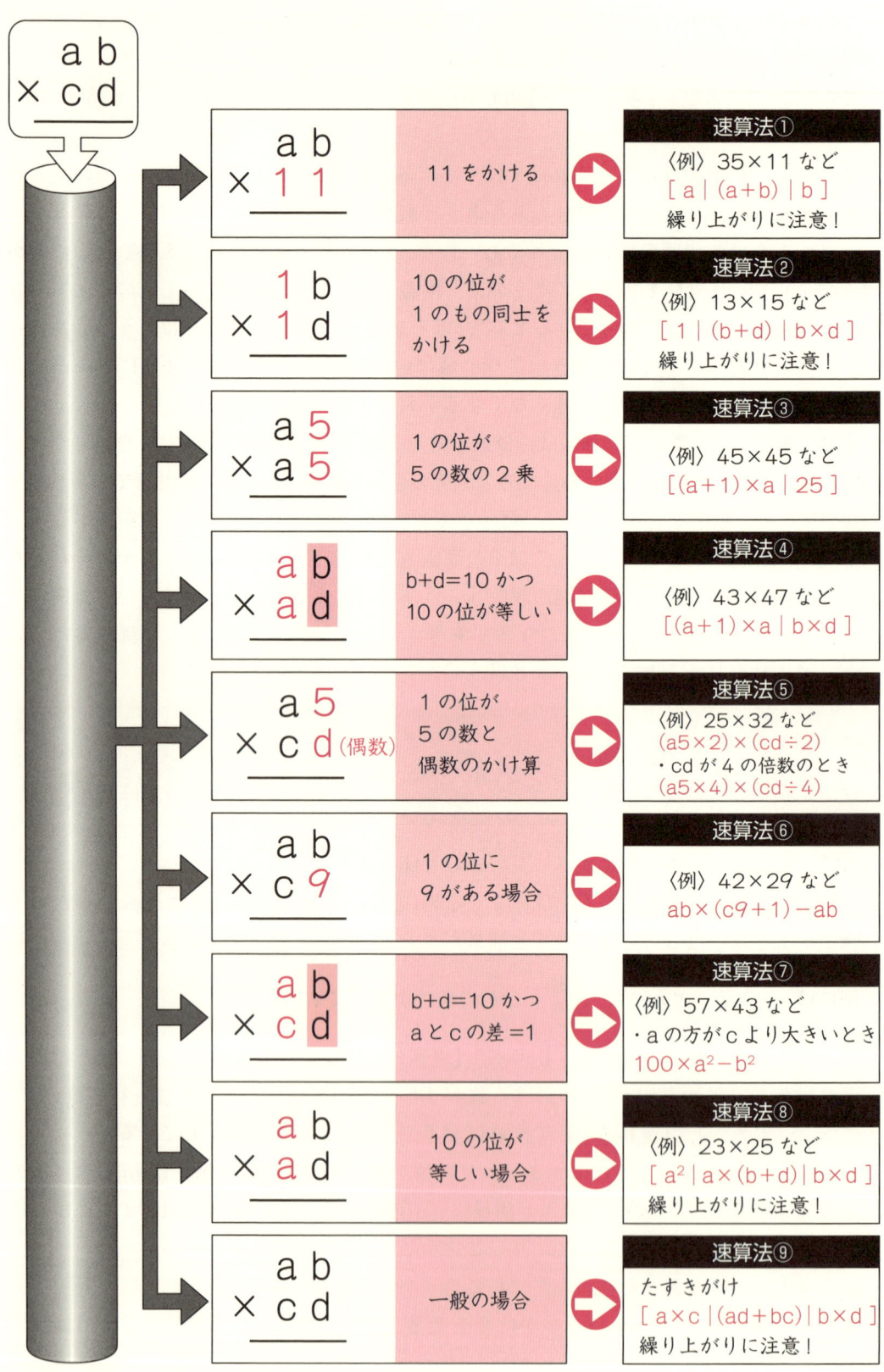

第1章　2けたのかけ算を楽々やってみよう

　この図と，その右にある速算法について理解した後，できれば，速算法の解説の後にある練習問題を実際に解き，さらに実践で鍛えなくてはならない．

　例えば，私などは，近くを通った自動車のナンバーが4けたで「1123」だったりすると，11×23＝（お，速算法1のパターンだ）253だ，というように練習したりした．しばらくこんなことをやらないとなかなか身につかないと思う．

　ただし，自動車を運転しながら前を走る自動車のナンバーでかけ算の練習をするのは危険なのでお勧めできない．

　さて，図の意味は分かったが，なんだかまともに最初から全部理解しようとすると頭が痛くなるような複雑な条件がいっぱい並んでいる．

　全部一度に理解しようとすると頭が発散してしまうから，このような場合は少し例をやってみるのがよい．

　例　27×11をやってみよう．

　図の条件に照らし合わせていくと，うまいことに一番上の【速算法①】の条件に合致する．これは，もちろんふつうの学校で習う筆算で

$$\begin{array}{r} 2\,7 \\ \times\,1\,1 \\ \hline 2\,7 \\ 2\,7 \\ \hline 2\,9\,7 \end{array}$$

とやってもよいが，「【速算法①】でやると簡単ですよ」と示されているから，その右を見ていく．あるいは詳しく知りたいのなら【速算法①】のページに飛べばよい．

　ab×11の右の箱には，

　　「［a｜（a＋b）｜b］」

と書きなさいとある．何かよく分からないが書いてみよう．

　いまabは27（つまりa＝2，b＝7）だったから（2｜（2＋7）｜7）→297，と答の297が出てしまった．

　つまり $\begin{array}{r}2\,7\\ \times\,1\,1\end{array}$ の計算は

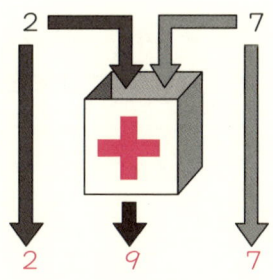

と，このようにして速算法に従って計算すると，暗算でも答えが出るわけである．

　箱の中にはただし書きがあり「繰り上がりに注意！」とある．

　真ん中で計算する（a＋b）が10以上だったら，例えば59×11のように5＋9

= 14 のような場合だったら，
　　　[5 ｜ (5＋9) ｜ 9] → [5 ｜ 14 ｜ 9] → [649]
　　　　　　　　　　　　　　　　　足す

というように，1 は繰り上げてくださいということである．
　このあたりの理由や詳しい解説については，【速算法①】のページに飛んで説明をみるとよいわけである．
　ab × 11 の形のときはこれでいいが，これ以外のときはどうするのだ，というとそれは図に描いてあるいくつかの条件を順に調べていって，条件に合致していればそこを見て速算法を行えばよいのである．この場合は「あ，このパターンだな」と分かる「視力」が養われると計算はかなり速くなる．
　もう一つやってみよう．

㊂　15 × 15 ＝ 15^2 を計算する場合はどうすればよいであろうか．

　今度は図の 3 番目 $\begin{array}{r} a\,5 \\ \times\,a\,5 \end{array}$ の条件（1 の位が 5 の数の 2 乗）に合っていることがすぐに分かる．この場合，図の指示に従って【速算法③】でやればよい．そうするとこのぐらいは，本当に素早く暗算でできるようになる．
　さて，【速算法③】では，[(a ＋ 1) × a ｜ 25] となっている．言われるままにとにかく書いてみよう．
　15 × 15 だから a ＝ 1．したがって，
　　　[(1 ＋ 1) × 1　｜　25] → [2 ｜ 25] → 225
と暗算でもできてしまう．
　あとは上記の図をながめて，ゆっくり【速算法②】【速算法③】と順に理解していくと自然に 2 けた × 2 けたが相当速くできるようになるはずである．
　各速算法では練習問題を出しておいたので，解いてみることをお勧めする．
　さて，実はこの図以外にもたくさん速算法はある．
　例えば，
・(50 に偶数をかける場合)
　　50 × 88 ＝ 50 × 2 × 44 ＝ 100 × 44 ＝ 4400
・(a1 × b1 の形の場合) は【速算法2】(1b × 1c) と全く同じ感じで [a × b ｜ (a ＋ b) ｜ 1] で計算できる
　　31 × 51 ＝ [15 ｜ (3＋5) ｜ 1] ＝ 1581
　あるいは 51 が 50 に近い数なので，
　　31 × 51 ＝ 31 ×（50 ＋ 1）＝ 31 × 50 ＋ 31 ＝ 1550 ＋ 31 ＝ 1581
などなど，本当に簡単にできるパターンがまだあるのである．
　読者も，先に示した速算法の手順の図にいろいろ加えて改良すると，2 けた × 2 けたの掛け算はまさに電光石火の早業でできるようになると思う．

1-3 各速算法の解説

速算法① $\begin{array}{r} a\,b \\ \times 1\,1 \end{array}$ の形（11をかける）

[a｜(a＋b)｜b] と書けば答が出てしまう．
つまりは，図1-3に従って暗算すればよいことになる．

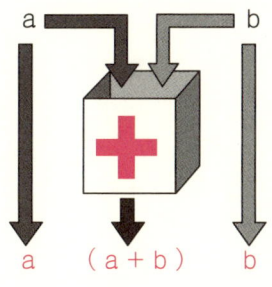

図 1-3

※ ただし，(a＋b) に繰り上がりがある場合（例えば58×11で5＋8＝13のような場合），は繰り上がった1は左のaに足すので注意が必要である．

＜例＞　27×11 ＝ [2｜(2＋7)｜7] → 297
　　　　18×11 ＝ [1｜(1＋8)｜8] → 198
　※ただし　58×11のような場合，
58×11 ＝ [5｜(5＋8)｜8] → [5｜13｜8]
　　　　　　　　　　　　　　　　足す
　　　　→ [5＋1｜3｜8] → 638

【理由】　(10a＋b) × (10＋1) ＝ 100a＋10b＋10a＋b
　　　　　　　　　　　　　　＝ 100a＋10(a＋b)＋b

これは，100の位がaで，10の位が (a＋b)，1の位がbであることを意味している．
図1-4のように普通に筆算してもこうなる理由が分かると思う．

$$\begin{array}{r} a\ \ b \\ \times\ \ 1\ \ 1 \\ \hline a\ \ b \\ a\ \ b \\ \hline a\ |(a+b)|\ b \end{array}$$

図1-4

上の場合，(a＋b) が1けたの数だったらよいが，(a＋b) が2けたの数になる場合はどうなるのであろう．

58×11＝[5｜13｜8] → 638

となる．5138ではないので注意を要するところである．

これは，次のように理由を考えてみればよく分かる．

(10a＋b) ×(10＋1) ＝100a＋10(a＋b) ＋b

で，a＋bが13と2けたの数になってしまうから，10(a＋b) ＝10×13で130 結局は，a＋b＝13の「1」は100の位になるから，100aに足すことになるのである．

```
       5  8
×      1  1
       5  8
    5  8
    5 (13) 8
    ───────
    6  3  8
```

図1-5

□（理由終わり）

いくつか練習問題を解いてみよう．

【練習問題】
① 16×11＝(　　　)　　② 43×11＝(　　　)
③ 35×11＝(　　　)　　④ 62×11＝(　　　)
⑤ 51×11＝(　　　)　　⑥ 88×11＝(　　　)
⑦ 76×11＝(　　　)　　⑧ 21×11＝(　　　)
⑨ 65×11＝(　　　)　　⑩ 99×11＝(　　　)
⑪ 11×22＝(　　　)　　⑫ 11×89＝(　　　)
⑬ 11×54＝(　　　)　　⑭ 11×74＝(　　　)
⑮ 11×72＝(　　　)

【答】① 176　② 473　③ 385　④ 682　⑤ 561　⑥ 968　⑦ 836　⑧ 231　⑨ 715　⑩ 1089　⑪ 242　⑫ 979　⑬ 594　⑭ 814　⑮ 792

第1章 2けたのかけ算を楽々やってみよう

速算法②　$\begin{array}{r} 1\,b \\ \times\,1\,d \end{array}$　（10の位が1のもの同士をかける）

[1 | (b + d) | b × d]　繰り上がりに注意！

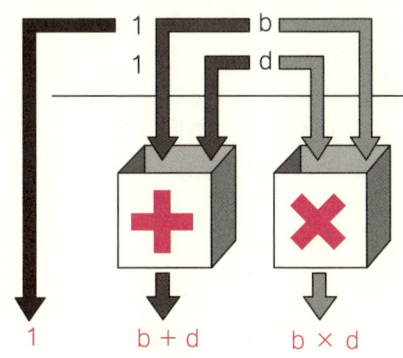

図1-6

<例>　12 × 13 = [1 | (2 + 3) | 2 × 3] → 156
　　　15 × 18 = [1 | (5 + 8) | 5 × 8] → [1 | 13 | 40] → 270
　　　　　　　　　　　　　　　　　　　　　　足す　足す

　これは10の位が1のもの同士をかけるというのだから，19 × 19まで素早く計算できるということである．少しだけインドの小学生に追いついた気分になれるかもしれない．これも，上の【速算法①】と同じ理由で繰り上がりがある場合には注意を要する．
　この繰り上がりがある場合少々面倒だが，慣れるとどうということもない．この程度の繰り上がりは十分暗算でできると思う．

【理由】　理由を考えておこう．
　　（10 + b）×（10 + d） = 100 + 10b + 10d + bd
　　　　　　　　　　　　　 = 100 + 10(b + d) + bd
　（100の位は1，10の位は（b + d），1の位はb × dを意味する）
　□（理由終わり）

【練習問題】	
① 12 × 12 = (　　　)	② 13 × 11 = (　　　)
③ 12 × 14 = (　　　)	④ 13 × 13 = (　　　)
⑤ 11 × 15 = (　　　)	⑥ 13 × 14 = (　　　)
⑦ 14 × 15 = (　　　)	⑧ 16 × 14 = (　　　)
⑨ 17 × 16 = (　　　)	⑩ 18 × 19 = (　　　)

【答】 ① 144 ② 143 ③ 168 ④ 169 ⑤ 165 ⑥ 182 ⑦ 210 ⑧ 224
　　　⑨ 272 ⑩ 342

速算法③ 　$\begin{array}{r} a\,5 \\ \times\,a\,5 \\ \hline \end{array}$　（1の位が5の数の2乗）

[(a + 1) × a ｜ 25] と書けば答になる.

<例>　25 × 25 = [(2 + 1) × 2 ｜ 25] → 625
　　　35 × 35 = [(3 + 1) × 3 ｜ 25] → 1225

【理由】
　　（10a + 5）×（10a + 5）= 100a² + 50a + 50a + 25
　　　　　　　　　　　　　　= 100a² + 100a + 25
　　　　　　　　　　　　　　= 100a(a + 1) + 25

つまり，100の位はa ×（a + 1）であり，あとは25がつけばよいことになる.
□（理由終わり）

【練習問題】

① 75 × 75 = (　　　)	② 45 × 45 = (　　　)
③ 35 × 35 = (　　　)	④ 15 × 15 = (　　　)
⑤ 55 × 55 = (　　　)	⑥ 25 × 25 = (　　　)
⑦ 65 × 65 = (　　　)	⑧ 95 × 95 = (　　　)
⑨ 85 × 85 = (　　　)	

【答】 ① 5625 ② 2025 ③ 1225 ④ 225 ⑤ 3025 ⑥ 625 ⑦ 4225
　　　⑧ 9025 ⑨ 7225

速算法④ 　$\begin{array}{r} a\,b \\ \times\,a\,d \\ \hline \end{array}$　（b + d = 10 かつ 10の位が等しい）

ちょっと見にくいが慣れればなんでもない. よく見てみよう.
　要は「10の位が同じ値でaで，1の位の合計がちょうど10になる」という場合である. 例えば，26 × 24のような場合である. 10の位が2と等しく，1の位を足すと，6 + 4 = 10となっている.
　　[(a + 1) × a ｜ b × d] で答が出る.

<例> 26 × 24 = [(2 + 1) × 2 ｜ 6 × 4] → 624
31 × 39 = [(3 + 1) × 3 ｜ 1 × 9] → 1209
35 × 35 = [(3 + 1) × 3 ｜ 5 × 5] → 1225

【理由】

$(10a + b) \times (10a + d) = 100a^2 + 10ab + 10ad + bd$
$= 100a^2 + 10a(b + d) + bd$

ここで，b + d = 10 だから，この式は次のようになる．

$100a^2 + 10a \times 10 + bd = 100a^2 + 100a + bd$
$= 100a(a + 1) + bd$

これは，100 の位は a ×（a + 1），あとは b × d がくればよいことを意味している．
□（理由終わり）

※【速算法③】の a5 × a5 → [(a + 1) × a ｜ 25] はこの【速算法④】の特別な場合だったのが分かる．

【練習問題】
① 52 × 58 = (　　　　)　　② 43 × 47 = (　　　　)
③ 18 × 12 = (　　　　)　　④ 62 × 68 = (　　　　)
⑤ 71 × 79 = (　　　　)　　⑥ 87 × 83 = (　　　　)
⑦ 98 × 92 = (　　　　)　　⑧ 25 × 25 = (　　　　)
⑨ 34 × 36 = (　　　　)　　⑩ 63 × 67 = (　　　　)

【答】① 3016　② 2021　③ 216　④ 4216　⑤ 5609　⑥ 7221
⑦ 9016　⑧ 625　⑨ 1224　⑩ 4221

速算法⑤　　　a 5
　　　　　×　c d（偶数）　　（1 の位が 5 の数と偶数のかけ算）

(a5 × 2) × (cd ÷ 2)

<例> まず例を見てみよう．数式を眺めるよりもこの方が簡単である．
15 × 22 = 15 × {2 ×（22 ÷ 2）}
= {15 × 2} × 11 = 30 × 11 = 330
35 × 24 = 35 × 2 × 12 = 70 × 12 = 840

【理由】これはほとんど明らかであろう．
a5 は（10a + 5）ということであった．これを A と置こう．
偶数 cd は（10c + d）であるが，偶数であるという条件がついているから，2 × B と

表される（Bは5～48の整数）．
$$a5 × cd （偶数） = A × (2 × B) = (A × 2) × B$$
$$= (A × 2) × (2 × B ÷ 2)$$
□（理由終わり）

要は，a5×2がきりのよい，10の倍数になるからそれをうまく利用して計算を簡単にしようというわけだ．

[コメント]

・15×（4の倍数）の場合などはかなり簡単になる．例えば，

　15×12 = 15×(4×3) = (15×4)×3 = 60×3 = 180　等々．

・25×4の倍数などはもっと簡単になる．例えば，

　25×12 = 25×(4×3) = (25×4)×3 = 100×3 = 300　である．

速算法をマスターするには，このような考え方もすぐに応用できるようにしておきたいところである．

【練習問題】

① 15×36 = (　　　)　　② 28×35 = (　　　)
③ 55×82 = (　　　)　　④ 35×74 = (　　　)
⑤ 12×85 = (　　　)　　⑥ 45×66 = (　　　)
⑦ 24×65 = (　　　)　　⑧ 25×34 = (　　　)
⑨ 32×25 = (　　　)　　⑩ 75×44 = (　　　)

【答】① 540　② 980　③ 4510　④ 2590　⑤ 1020　⑥ 2970
　　　⑦ 1560　⑧ 850　⑨ 800　⑩ 3300

速算法⑥　$\begin{array}{r} ab \\ × c9 \end{array}$　（1の位に9がある場合）

この場合は，ab×(c9 + 1) − ab を計算すればよいことになる．

<例>　いくつか例を見てみよう．
　　　42×29 = 42×(29 + 1) − 42 = 42×30 − 42
　　　　　　= 1260 − 42 = 1218
　　　39×54 = 54×39　（この場合 ab が54，c9 が39である）
　　　　　　= 54×40 − 54
　　　　　　= 2160 − 54 = 2106

【理由】ab×c9 を計算するのであるが，ab（すなわち 10a + b）を A と置いてみよう．

また，c9 ＝（10c ＋ 9）＝ B と置いてみよう．
　　A × B ＝ A ×（B ＋ 1 − 1）＝ A ×（B ＋ 1）− A
となる．だから，この計算法は当たり前なのである．
□（理由終わり）
　この理由で述べた計算法は，どんな数の場合も成り立つが，特に B ＝（10c ＋ 9）のときだと，B ＋ 1 が 20 とか 30 とか，きりのいい 10 の倍数になるから，計算が楽になるのである．

[コメント 1]　例えば，この上の理屈を 21 × 48 でやってみると，
　　21 × 48 ＝ 21 ×（50 − 2）＝ 1050 − 21 × 2
　　　　　　＝ 1050 − 42 ＝ 1008
などと，簡単に計算することができる．
　これは ab × 47 などにも使えるが，
　　ab ×（50 − 3）＝ ab × 50 − ab × 3
となって，× 3 のところが面倒になるので，この理屈は，いいところ．
　　ab × c9 の形，せいぜい ab × c8 ぐらい
までで使うとよいと思う．

[コメント 2]　ab × 99 ＝ ab × 100 − ab も使えるようにしておくと便利である．
　同様に　ab × 98 ＝ ab × 100 − ab × 2 も使えるようにしておくと便利である．

> <例>　37 × 99 ＝ 37 × 100 − 37 ＝ 3700 − 37 ＝ 3663
> 　　　 31 × 98 ＝ 31 × 100 − 31 × 2 ＝ 3100 − 62 ＝ 3038

という具合である．

【練習問題】

① 18 × 19 ＝（　　　　）	② 53 × 29 ＝（　　　　）
③ 89 × 25 ＝（　　　　）	④ 39 × 41 ＝（　　　　）
⑤ 13 × 49 ＝（　　　　）	⑥ 27 × 59 ＝（　　　　）
⑦ 27 × 58 ＝（　　　　）	⑧ 82 × 99 ＝（　　　　）
⑨ 63 × 98 ＝（　　　　）	⑩ 83 × 69 ＝（　　　　）

【答】　① 342　② 1537　③ 2225　④ 1599　⑤ 637　⑥ 1593
　　　　⑦ 1566　⑧ 8118　⑨ 6174　⑩ 5727

> **速算法⑦**　　$\begin{array}{r} a\,b \\ \times c\,d \\ \hline \end{array}$　（b + d = 10 かつ a と c の差 = 1）

これは「1の位の数を足すと10になり，かつ10の位の数が一つの差である」という場合である．

　答は，

・a と c を比べた場合 a の方が大きいとき

$100 \times a^2 - b^2$ を計算すればよい．

・a と c を比べた場合 c の方が大きいとき

$100 \times c^2 - d^2$ を計算すればよい．

<例>　　$23 \times 17 = 100 \times 2^2 - 3^2 = 400 - 9 = 391$

　　　　　$23 \times 37 = 100 \times 3^2 - 7^2 = 900 - 49 = 851$

　　　　　$54 \times 46 = 100 \times 5^2 - 4^2 = 2500 - 16 = 2484$

【解説】　上の例の 23×17 の場合，これは，$(20 + 3) \times (20 - 3)$ を計算すればよいことになるが，有名な公式

　　　$(A + B)(A - B) = A^2 - B^2$

を思い出せば，$400 - 9 = 391$ となる．

　要は $(A + B)(A - B) = A^2 - B^2$ の公式をうまく応用したのである．

　一応，一般的に理由づけをしてみたら，下のようになるだろう．

【理由】　$a = c + 1$ としよう（a の方が c よりも大きい場合を考えるのである）．そうすると，

　　　$c = a - 1$

また，$b + d = 10$ であるから，$d = 10 - b$ であることにも注意すると，

$$\begin{aligned}
(10a + b) \times (10c + d) &= (10a + b) \times (10(a - 1) + 10 - b) \\
&= (10a + b) \times (10a - 10 + 10 - b) \\
&= (10a + b) \times (10a - b) \\
&= 100a^2 + 10ab - 10ab - b^2 \\
&= 100a^2 - b^2
\end{aligned}$$

□（理由終わり）

[コメント]　c の方が a よりも大きい場合も，全く同じ感じで理由づけができる．この理由づけはちょっと小気味いいので，読者もぜひやってみていただきたい．

第 1 章　2 けたのかけ算を楽々やってみよう

【練習問題】

① 78 × 82 = (　　　　)　　② 25 × 35 = (　　　　)
③ 54 × 66 = (　　　　)　　④ 18 × 22 = (　　　　)
⑤ 33 × 47 = (　　　　)　　⑥ 32 × 28 = (　　　　)
⑦ 41 × 39 = (　　　　)　　⑧ 55 × 65 = (　　　　)
⑨ 91 × 89 = (　　　　)　　⑩ 88 × 72 = (　　　　)

【答】 ① 6396　② 875　③ 3564　④ 396　⑤ 1551　⑥ 896
　　　　 ⑦ 1599　⑧ 3575　⑨ 8099　⑩ 6336

速算法⑧　　$\begin{array}{r} a\ b \\ \times a\ d \end{array}$　（10 の位が等しい場合）

[a^2 ｜ a×(b+d) ｜ b×d] 繰り上がりに注意！

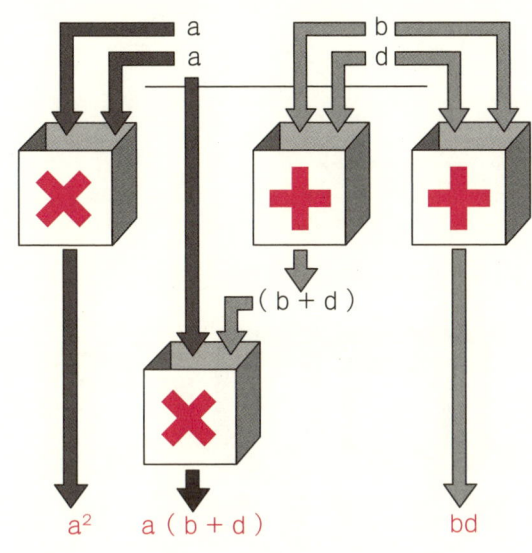

図 1-7

例を見てみよう．

<例>　37 × 32 = [9 ｜ 3×(7+2) ｜ 14] → [9 ｜ 27 ｜ 14] → 1184

　　　55 × 51 = [25 ｜ 5×6 ｜ 5] → [25 ｜ 30 ｜ 5] → 2805

少々繰り上がりがわずらわしいが，これぐらいなら，なんとかなりそうである．これも理由を見ておこう．

【理由】

$$(10a + b) \times (10a + d) = 100a^2 + 10a \times b + 10a \times d + b \times d$$
$$= 100a^2 + 10a \times (b + d) + b \times d$$

ということで，100の位はa^2，10の位は$a \times (b + d)$，1の位は$b \times d$となり，この速算法が出てくるのが分かる．

□（理由終わり）

なんということもない，普通の文字式の計算だけで理由が分かってしまう．

【練習問題】

① $23 \times 22 = ($　　　　$)$　　② $15 \times 18 = ($　　　　$)$
③ $34 \times 31 = ($　　　　$)$　　④ $46 \times 41 = ($　　　　$)$
⑤ $55 \times 51 = ($　　　　$)$　　⑥ $68 \times 62 = ($　　　　$)$
⑦ $68 \times 63 = ($　　　　$)$　　⑧ $91 \times 94 = ($　　　　$)$
⑨ $77 \times 71 = ($　　　　$)$　　⑩ $81 \times 81 = ($　　　　$)$

【答】　① 506　② 270　③ 1054　④ 1886　⑤ 2805　⑥ 4216（速算法4の方が速いですね）　⑦ 4284　⑧ 8554　⑨ 5467　⑩ 6561

速算法⑨　　$\begin{array}{r} a\ b \\ \times\ c\ d \end{array}$　　（一般の場合）

$[a \times c \mid (ad+bc) \mid b \times d]$　繰り上がりに注意！

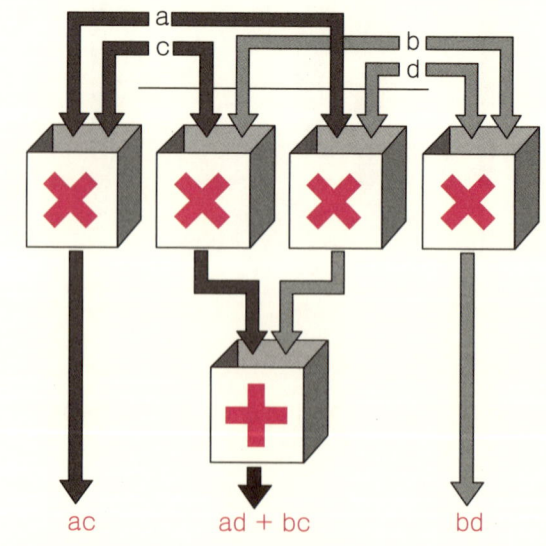

図1-8

これは，まあ【速算法⑧】もそうだが，あまり工夫ができないときの最後の手段である．

しかし，これだって，かなり速く計算ができることも多いと思う．

暗算ではちょっとやっかいでも，少しだけ筆算を使って素早く計算することもできるのである．

例を見てみよう

<例> 24 × 31 = [6｜2×1＋4×3｜4×1] → [6｜14｜4] → 744
　　　　　　　　　　　　　　　　　　　　　　　　　　　　　　　足す

　　　32 × 51 = [15｜3×1＋2×5｜2×1] → [15｜13｜2]
　　　　　　　→ 1632　　　　　　　　　　　　　　　　　　　足す

この理由も【速算法⑧】と同じく，簡単な式の計算から明らかである．

【理由】
　（10a ＋ b）×（10c ＋ d）= 100ac ＋ 10bc ＋ 10ad ＋ bd
　　　　　　　　　　　　　= 100ac ＋ 10（ad ＋ bc）＋ bd

から【速算法⑨】で計算できることが分かる．
□（理由終わり）

[コメント]　これは「たすきがけ」による方法などと呼ばれるが，それは10の位が図のように　a×d＋b×c と「たすきがけ」で計算されるからである．

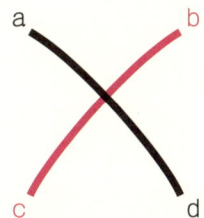

【練習問題】	
① 21 × 38 = (　　　　)	② 72 × 35 = (　　　　)
③ 99 × 12 = (　　　　)	④ 53 × 13 = (　　　　)
⑤ 18 × 33 = (　　　　)	⑥ 49 × 71 = (　　　　)
⑦ 18 × 15 = (　　　　)	⑧ 31 × 41 = (　　　　)
⑨ 27 × 51 = (　　　　)	⑩ 63 × 32 = (　　　　)

【答】① 798　② 2520　③ 1188　④ 689　⑤ 594　⑥ 3479
　　　⑦ 270　⑧ 1271　⑨ 1377　⑩ 2016

さて，最後に，いざ実際に2けた×2けたの計算をする必要にせまられたとき，どの速算法でやるのがよいのを判断する「視力」をつける練習をしてみよう．

総合練習問題

① 25 × 25 = (　　　)　　⑪ 24 × 31 = (　　　)
② 25 × 12 = (　　　)　　⑫ 39 × 52 = (　　　)
③ 11 × 36 = (　　　)　　⑬ 43 × 11 = (　　　)
④ 34 × 36 = (　　　)　　⑭ 23 × 37 = (　　　)
⑤ 14 × 12 = (　　　)　　⑮ 68 × 62 = (　　　)
⑥ 12 × 12 = (　　　)　　⑯ 42 × 98 = (　　　)
⑦ 15 × 22 = (　　　)　　⑰ 45 × 45 = (　　　)
⑧ 42 × 99 = (　　　)　　⑱ 23 × 23 = (　　　)
⑨ 23 × 17 = (　　　)　　⑲ 73 × 67 = (　　　)
⑩ 34 × 31 = (　　　)　　⑳ 26 × 24 = (　　　)

2 位取りの記数法とゼロの発見の話

こんな笑い話がある．

あるとき，当時としてはインテリの原始人二人がゲームをしていた．「大きい数を言った方が勝ち」というゲームだ．
一人が時間をかけて，さんざん考えたたあげくに言った．
「・・・・・3」
それを聞くともう一人は，さんざん考えて，そうして最後に言った．
「うーん・・・・・・負けた」

こんな光景が本当にあったものとして考えると，この原始人の時代は，あまり多くの数は必要なかったのであろう．たぶん数は「1」，「2」，「3」，「いっぱい」というぐらいしかなかったにちがいない．
現代人のわれわれは，この光景を笑うことができる．数というのはいくらでも大きな数があって，最大値などないことを知っているからである．
したがって，誰でも現代人は「大きな数を言った方が勝ち」というゲームは後手必勝のゲームであるということが直感的に分かるのである．
例えば，先手が「千」と言えば，後手は「1万」と言えば勝てるし，先手が「1万」と言えば後手は「10万」と言えば勝てる，というようなことはすぐに分かるのである．
後手必勝のはずのこの「大きな数を言った方が勝ちゲーム」，現代人は本当に笑っていられるのであろうか．
日本人である私は，日常生活ではふつう大きな数といっても「兆」ぐらいまでしか目にしない．目にする大きな数というのは，新聞などで国家予算が何百兆円とかいうのがいいところである．
それでは，「大きな数を言った方が勝ちゲーム」で，先手に「9999兆」と言われたらどうしよう．
「（ありゃ，それ以上大きな数は知らないよ）うーん・・・・負けた」
となるか，知識がある人なら
「（わたしゃ物知りだから次が「京（けい）」であることを知っているのだ）9999京」
などということになるであろう．
これはどんどんエスカレートしていって，
「京（けい）」の次は？ 「垓（がい）」
「垓（がい）」の次は？ 「秭（し）」
「次は？」
　　　︙
となるがこれではきりがない．
これでは私が以前に聞いた落語の物知りご隠居さんの話になってしまう．

それはちょっとうろ覚えだが確かこんな話だったと思う．
「ご隠居さん．江戸をずーっとずーっと西へ歩いて行ったらどうなるんです？」
「長崎に行きつくな．」
「その長崎ってぇとこをこうずーっと行ったらどこに行くんです？」
「おまえさんねえ，もう海だから歩いてはいけないよ．」
「別に実際に歩いて行かなくたっていいんで，そこを船に乗って，こう，しゃーっと行くとどうなるんです？」
「唐（から）の都に着くな．」
「そこをまた西へ西へ行くとどうなるんです？」
「天竺（てんじく）だな．」
「その天竺をもっともっと西に行ったらどうなるんですかい？」
「もう霧が出ていて歩けないよ．」
「そこを無理して行ったら？」
「おまえさんもしつこいね．もう進めないんだよ．」
「それでもしつこく無理に進むとどうなるんですかい？」
「たいがいはそのへんでひっくりかえるな．」
というわけで，ご隠居さんの知識もこのあたりが限界である．
実は，「大きな数を言った方が勝ちゲーム」も結局はこうなってしまう．
「ご隠居さん，京（けい）の次はなんですかい？」
「垓（がい）というんだな．」
「ははー，御隠居さんは物知りですねえ．ついでに教えて下さいな．垓（がい）の次

「は一体なんてぇんです？」

「秭（し）という.」

「それじゃあ…」

これをやっていくと，どんな物知りの御隠居さんでも，いつかは必ず困ってしまう.

「そんな大きな数は使わないから覚えなくてもいいよ.」

「いや，今使わなくても，そのうち使うかも知れませんよ．ですから後学のために一つ教えて下さいな．次は何なんです？」

「うーん．まあ教えてやってもいいけどな，これ大事なことだから前置きするけどな，これを聞くとあまりに大きな数なんで，普通の人間，特におまえさん程度の人間じゃあこのあたりで頭がパンクするな.」

というようなものである．

さて，笑い話はともかくとして，この「大きい数を言った方が勝ちゲーム」は後手必勝だというのが直感的に分かるのに，この伝でいくと後手でも負けるかもしれない．

この罠の本質はどこにあるのであろうか？

これに答える前に，「大きな数を言った方が勝ちゲーム」の虎の巻を見てみよう．またついでに「小さい数を言った方が勝ちゲーム」の虎の巻も見ておこう．

表2-1　東洋の命数法

小さな数		大きな数	
10^{-1}	分（ぶ）	10^{1}	十（じゅう）
10^{-2}	厘（りん）	10^{2}	百（ひゃく）
10^{-3}	毛（もう）	10^{3}	千（せん）
10^{-4}	糸（し）	10^{4}	万（まん）
10^{-5}	忽（こつ）	10^{8}	億（おく）
10^{-6}	微（び）	10^{12}	兆（ちょう）
10^{-7}	繊（せん）	10^{16}	京（けい）
10^{-8}	沙（しゃ）	10^{20}	垓（がい）
10^{-9}	塵（じん）	10^{24}	秭（じょ），秭（し）
10^{-10}	挨（あい）	10^{28}	穣（じょう）
10^{-11}	渺（びょう）	10^{32}	溝（こう）
10^{-12}	漠（ばく）	10^{36}	澗（かん）
10^{-13}	模糊（もこ）	10^{40}	正（せい）
10^{-14}	逡巡（しゅんじゅん）	10^{44}	載（さい）
10^{-15}	須臾（しゅゆ）	10^{48}	極（ごく）
10^{-16}	瞬息（しゅんそく）	10^{52}	恒河沙（ごうがしゃ）
10^{-17}	弾指（だんし）	10^{56}	阿僧祇（あそうぎ）
10^{-18}	刹那（せつな）	10^{60}	那由他（なゆた）

第2章 位取りの記数法とゼロの発見の話

10^{-19}	六徳（りっとく）	10^{64}	不可思議（ふかしぎ）
10^{-20}	虚（きょ）　虚空（こくう）	10^{68}	無量大数（むりょうたいすう）
10^{-21}	空（くう）　清浄（せいじょう）		
10^{-22}	清（せい）　阿頼耶（あらや）		
10^{-23}	浄（じょう）　阿磨羅（あまら）		
10^{-24}	涅槃寂静（ねはんじゃくじょう）		

　一応日本（東洋）では，このように数を呼ぶことにしているのだそうだ．

　「・・・だそうだ」とはなんとも無責任ないい方だが，私自身使ったことのないものが多いのでどうしようもない．ここはお許し頂きたいところだ．

　それで，とにかくこのように，それぞれの大きさの数にしっかりと名前をつける方法を「命数法」というのだが，命数法をまとめた表 2-1 を見てみると，小さい方の 10^{-20} すぎのあたりは何とおりか流儀があるらしく，「10^{-20} を虚（きょ），10^{-21} を空（くう）」と呼ぶやり方と「10^{-20} を虚空（こくう），10^{-21} を清浄（せいじょう）」と呼ぶやり方とがあり，どちらが正しいとも言えないようである．

　まあ，このあたりは日常では使わないから，したがって別に混乱することもないだろうから，もう呼び方なんかどちらの流儀でもいいのかもしれない．

　それよりも前に，小さい方の数は，現代のわれわれはほとんど命数法を使わないのである．

　ただ面白いのは，大きな数も小さな数も最初の方は 1 文字で言っていたのが，極限の方になると，「模糊（もこ）」だの「恒河沙（ごうがしゃ）」だの何文字も使って表されることである．漢字なんかたくさん種類があるのだから，全部 1 文字で名前をつけてもよさそうなものである．

　しかしそうはなっていないのは，この妙ちきりんな発音の言葉からすると，これはインドの仏教の影響であると考えられる．インド人以外はあまり大きな数に名前をつけていなかったから，インドの命数法を借用したのかもしれない．そうだとすれば，昔からインドの人々は数に対する感受性が抜群だったということであろう．

　私の友人にインド哲学の先生がいるのでお聞きしたところ，「華厳経」というお経では，表 2-1 の命数法とはまた違う命数法が記述されていて，10^5 を洛叉（らくしゃ），百洛叉（100 らくしゃ＝10^7）を倶胝（くてい）としていて，倶胝（くてい）以上の数を，$10^7 \times 2^n$ の形として 123 もの命数が列挙されているのだという．例えば $n=0$ のときは $10^7 \times 2^0$:（倶胝：くてい），$n=2$ のときは $10^7 \times 2^2 = 10^7 \times 4 = 10^{28}$：那由他（なゆた）――しかし表 2-1 の 10^{60} の那由他（なゆた）とは意味が違う――，……等々と続き，最大の命数である「不可説不可説転」は，

$$10^{7} \times 2^{122} = 10^{37218383888197764444413065976876849648128}$$

という巨大な数になるのだというのである．いやはや，インドの人たちときたら昔からすごいものである．なんだかめまいがしてきそうだ．

さて，この辺で話を本筋に戻そう．

「大きい数を言った方が勝ちゲーム」は後手必勝だというのに，大きな数の名前の知識がなければ後手でも負けるかもしれない，という話であった．

「命数法」を使っているかぎり，この呪縛から逃れられない．

「命数法」から離れなければ，現代人のわれわれも，程度の差こそあれはじめの原始人の笑い話に陥ってしまうことになるのである．

つまり，例えば，「3034」を「三千三十四」，「23000000」を「二千三百万」というように表記しようとするかぎり，いつかはまた新しい数の名前（「千」とか「億」とかいうような名前）が必要になってしまうわけである．まさか数全部に名前をつけるわけにはいかない —— 数はいくらでも大きいのがあるからである．

このあたりの事情は，ローマ数字で表現してみるともっとよく分かる．ローマ数字は現在もよく使われているので（よく資料の中の項目番号づけなどで使われる．ただし数の計算をするときには普通は使われないが），よくみかける記号である．各文字の意味は表2-2のとおりである．

表2-2　ローマ数字の意味

I	II	III	IV	V	VI	VII	VIII	IX	X
1	2	3	4	5	6	7	8	9	10
XI	XII	XIII	…	XX	…	L	C	D	M
11	12	13		20		50	100	500	1000

先の例「3034」は「MMM XXX IV」という具合に表すことになる．

それでは「23034」はどう表すのか，というと「MMMM…M（23個）XXX IV」としてもよいが，やはり新たに「10000」を表す記号を何か割り当てた方が便利であろう．

というわけで，「命数法」を使うと，ご隠居さんが「おまえの頭じゃパンクする」と言ってごまかすことが必ずどこかで起こるのである．

もう読者のみなさんは，お分かりのことと思う．

われわれは命数法を離れて，基本的には位取りを用いた表記法（インド記数法）を用いて数を表記することにしているのである．

さきの「3034」には同じ「3」が2回出てくるが，書いてある位置により，その意味合いが違うのである．

われわれが日常使う「10進法」では「位は10の何乗かを表す．何乗になるかはその位置により曖昧さなく決める」ものと約束する．むずかしそうだが，日常使っているからどうということもない．表2-3を見ればその意味は明らかである．

表2-3　10進法の位取り表記

	...	10^5	10^4	10^3	10^2	10^1	10^0	10^{-1}	10^{-2}	10^{-3}	10^{-4}	10^{-5}	...
	...	100000	10000	1000	100	10	1	0.1	0.01	0.001	0.0001	0.00001	...
例1				3	0	3	4						
例2						1	2	5	6				

「3034」では，左の「3」は「10^3の位」の「3」であるから，「3×10^3」を意味し，右の「3」は「10^1の位，すなわち10の位」の「3」であるから，「3×10」を意味する，という具合だ．

したがって，「3034」は「$3 \times 10^3 + 0 \times 10^2 + 3 \times 10^1 + 4 \times 10^0$」という数，すなわち普通の日本語でいうと「三千三十四」を意味することになるのである．このあたりはもう小学生のころから慣れているので言うまでもないことだ，という人も多いと思う．

ただ「$3 \times 10^3 + 0 \times 10^2 + 3 \times 10^1 + 4 \times 10^0$」とこのまま読んでは，なかなか面倒くさいので，「$10^3$を千という」「$10^2$を百という」「また『かける』を読むのは省略しよう」「0×10^nも読むのは省略しよう」というように約束して，命数法の慣習も取り入れて分かりやすくしている．

つまり，現代人は「書くときは位取りで書き，読むときは，命数法による読み方も取り入れて短く分かりやすく読んでいる」ということになるわけである．

ちなみに，10^0（10の0乗）$= 1$，10^{-1}（10のマイナス1乗）$= \dfrac{1}{10^1} = 0.1$，10^{-2}（10のマイナス2乗）$= \dfrac{1}{10^2} = 0.01$，一般に 10^{-n}（10のマイナスn乗）$= \dfrac{1}{10^n} = 0.0 \cdots 0001$（0が（「0．」のはじめの0も含めて）$n$個）となる．

（このあたり「マイナスn乗」などがなぜこうなるのかなどの詳しい理由については省略しよう）

さてそうすると，表2-3の例2では，「1256」という数字が並んでいるが，これは，「$1 \times 10^1 + 2 \times 10^0 + 5 \times 10^{-1} + 6 \times 10^{-2}$」ということで，「$1 \times 10^1 + 2 \times 1 + 5 \times 0.1 + 6 \times 0.01$」すなわち「十二点五六（じゅうに点ごろく）」となる．

蛇足ながら言うと，これを「じゅうに点ごじゅうろく」と読むのは間違いであるから注意しよう．こう読んだのでは，小数点以下の「分の位，厘の位」（ふつうこのような言い方はしないが）と「十の位，一の位」を混同していていけない．位取りの表現法の意味を無視していて間違いになるのである．

さて位取りの記数法を用いると，別に数に名前がついていなくてもかまわない．

アボガドロ数は，6.022×10^{23}，と表記すれば，そんな数を「六千二十二垓（がい）」などと呼ばなくてもかまわない．「六点零二二かける十の二十三乗」と言えばいいわけだ．

これなら，どんな大きな数でも簡単に表現できる．

「大きな数を言った方が勝ちゲーム」は，これで完全に後手必勝になる．

例えば，先手が「6.022×10^{23}」と言えば，後手は「それじゃ，1×10^{24}」とでも言っ

ておけばよいわけである．

　これで「大きな数を言った方が勝ちゲーム」の罠の問題は解決された．このゲームを直感どおりに後手必勝とするためには，命数法から離れないといけなかったというわけである．

　この便利な，数にいちいち名前をつけなくともどんな数でも表現できる位取りの表記法が発明されるまでには，人類が数を扱うようになってから，長い長い時間がかかったと考えられている[1]．

　エジプト，ギリシャ，ローマと時代や場所が変わって様々な記数法が使われ，数の計算が行われたはずであるが，ついに位取りの記数法は発明されなかったのである．

　それこそ，気が遠くなるほどの長い時間かかって，表現力豊かな，したがって便利な位取り表記法がインドの人たちによって開発されたのである．

　さて，ここで表 2-3 をもう一度見てみると，例 1 の「3034」とわれわれが何気なく使っている「0（ゼロ）」がある．もちろん，「3034」の書いてあるところの四つの位以外のところは省略されてはいるが全部 0 である．

　0 はすなわち「空位」を表す記号である．日本式の読み方「三千三十四」や，先ほど見たローマ数字の記法「MMM XXX Ⅳ」を使う際にはこの空位を表す記号は必要ないことに注意しよう．

　今度は，この「0 の発見」について少しだけお話しよう．

　本当は 0 の発見だけですごい研究対象となり，分厚い本にもなり得るテーマであるのだが，ここではさらっとお話することにする．

　位取り記数法を使った場合，例えば「3034」を表すのに，「10^2 の位は何もないですよ」ということを何らかの方法で示さなくてはならない．「334」と書いたのでは「三百三十四」になってしまう．「3 34」と空白で示してもよいが，空白の幅のとりかたで曖昧さが生じてしまう．やはりいっそのこと空白を表す記号を積極的に用いた方がはっきりする．

　だから，「この位は何もないことを示す『0』が使われるのは当たり前である」と考えられるかもしれない．

　そうしてみると，「0 の発見はインド人によるものとされ，インドの人たちもそれを誇りに思っているというが，0 の発見などと大げさに言うことはないではないか」ということになりそうである．

　しかし，そうではない．

　少しよく考えてみよう．

　まず，今まで述べたように「位取り記数法」の発明というのがすごい．そのすごさを認識したあとで，「位取りの記数法さえ発見されれば空位を表す 0 の発見は難しくない．したがって，0 の発見とは位取りの発見と同じようなことである」と考えられがちである．

　しかし，ここもそうではない．

　これらの議論は「記号としての 0」と，「（計算をする対象の）数としての 0」を混同し

てしまっている．「記号の0」と「数の0」とでは大きな大きな差があるのである．
　実は「記号としての0」は位取り記数法とは別にしてメソポタミア，エジプト，マヤなど高度に発達した文明で，すでに紀元前数世紀ごろから使われていたといわれている．
　しかし「数としての0」の概念に到達したのは今のところインドが最初であると考えられている．まさに数としての0の発見は「インド人の天才に待たなければならなかった[1]」のである．
　「数としての0の発見」はいつごろなのかというと，まだ明らかになっていないところもあるが，「パンチャシッダーンティカー（紀元550年ごろ）」という文献では0を引いたり足したりする例が見られるという[2]．
　ただこの場合は，一種の，数値を読む場合の技法であり，本当に数として0を認識していたかという点に関しては疑問の余地もあるという．
　有名なブラフマグプタ（7世紀ごろの数学者）の書「ブラーフマスプタシッダーンタ」（紀元628年）には0に関する演算規則が体系的に述べられているという．ここではすでに0が数として認識されていたものと考えられるのである．
　「ブラーフマスプタシッダーンタ」では，
　　$a \times 0 = 0$　　　$a + 0 = a$　　　$a - 0 = a$
などの内容の法則が記述されている．

　ただし，ブラフマグプタをはじめ，その後のいろいろな数学者の書いた書で，$\frac{0}{0}$ や $\frac{a}{0}$ も数として扱われていたりする．0による割り算は歴史に残るインド数学者たちを相当悩ませたようである．$\frac{a}{0}=0$ としたり，$\frac{a}{0}=a$ としたり，はたまた $\frac{a}{0}$ は「無限な量であるが，0をかけると元に戻る（すなわち $\frac{a}{0} \times 0 = a$）」とされたり，長い歴史の中でいろいろあったことが確認されている．
　現代の数学では「0で割る」ということをどう解釈しているか，については章を改めて説明することとしよう．（第3章参照）
　以上のように，0の発見——数としての0の発見——はインド人によるものとされている．
　それでは，何ゆえにインド以外では0は数として認識されずに，インドでのみ数として認識されたのであろうか．
　ある説によれば，(1) 0記号がすでにあり，(2) 10進法の位取り表記法で表現された数の計算を筆算で行う必要が出てきたからである，とも言われる．
　例えば，30 + 42 を筆算するときに「0 + 2」を行う必要が出てくるだろう．これをソロバンでやる場合は0の計算はあまり意識にのぼらないが筆算でやるときには明らかに意識されるであろう．——多分この説は正しいだろうと思う．これは0の発見の大きな要因と思われる．しかし本当にこれだけかというと，また別の要因もあり，それらが重

なって0を数と認識することができたのであろう.

またある説によれば,昔のインドの数学書にはよく代数方程式論が出てくるが,そこで例えば $ax + b = cx + d$ を解く場合など $b = d$ の場合や,$a = c$ の場合には0の計算を考えなくてはならない.このあたりから0を数と認識しはじめたのではないかというのだ.

もちろん,どのような説もなかなか決定版となるのはむずかしい.

先ほど紹介した,お経の中の命数法のお話をしてくれたインド哲学者とおしゃべりをしていたら,

「もともとインド人は,この世の元素(万物の構成要素)として,地(ち),水(すい),火(か),風(ふう)の他『空(くう)』も元素——確固たる物質の一つと考えていた.

この空の思想が0を数として扱う原因の一つになったのではないか.」

という考えを教えてくれた.大変面白い考え方だと思う.

もちろん,正確なところは誰も分からないであろう.これらの要因が重なって,数としての0の発見に至ったものと考えるのが自然かと思われる.

しかし,0記号を用いていた文明人の中でインド人だけが0を数として扱った,その理由を勝手気ままに想像してみるのは楽しいことである.

それにしても,数としての0の発見,空を単なる「からっぽ」でなく「なにか物質的なもの」と考えるインドの人たちの知恵には恐れ入る.

話は数学から少し離れるが,ミクロの世界では,真空——何もないはずの空間——にある種

のエネルギーの電磁波を加えると，なんと物質と反物質が対になって生まれるという現象が確認されている．つまり，ミクロの世界ではエネルギーか物質かが混沌としてはっきりしないのだが，真空とはただのからっぽな空間ではなく，物質を生み出す能力をもった何かであることが確認されているというのである．

もちろん，当時のインドの人たちがこのミクロの現象を知っていたとは思えない．しかし，当時の人たちの直感と現代物理学の奇妙な一致というものに，私はただただ感心するしかないのである．

そうして私は，「こんなにすごい直感のインドの天才たちがいたのなら，数としての 0 の発見をインドにもっていかれたのもしょうがないか」などと考えているのである．

＜もっと詳しく知りたい人のために＞
【1】 吉田洋一，零の発見，岩波新書，2005 年第 97 刷（1939 年第 1 刷発行）
【2】 林　隆夫，インドの数学，中央公論社（中公新書），1993 年

[補足]　2 進数について

普通の 10 進数と位取りの表記法についてわれわれは熟知している．これは，多分人間の両手の指があわせて 10 本だから 10 進法になったのではないかと考えられている．

数を表現するのに，べつに 10 進数を使わなくてもよいのである．一般に，p 進数というのも考えてよい．よく使われるのが 2 進数である．

10 進数で表記する場合は，0, 1, 2, 3, 4, 5, 6, 7, 8, 9，と 10 個の数字が使われる．

p 進数で表記する場合は，0, 1, 2, 3, ……, $p-1$ の p 個の数字が使われる．そうして各位は p^n（$n = \cdots -2, -1, 0, 1, 2, 3, \cdots$）の意味を持っていると約束される．

例えば 2 進数といったらなんと，0, 1 の 2 個の数字しか使われない．

約束は，10 進数のときと同様である．各位は 2^n（$n = \cdots -2, -1, 0, 1, 2, 3, \cdots$）の意味がある．表 2-4 の例 1 では「1101」は「$1 \times 2^3 + 1 \times 2^2 + 0 \times 2^1 + 1 \times 2^0$」を意味し，したがって，（普通のわれわれの使う 10 進数でいうと）「$1 \times 8 + 1 \times 4 + 0 \times 2 + 1 \times 1 = 13$（十三）」を表すことになる．

同様に，例 2 の「10.11」は「$1 \times 2^1 + 0 \times 2^0 + 1 \times 2^{-1} + 1 \times 2^{-2}$」を意味し，普通のわれわれの使う 10 進数でいうと，

「$1 \times 2 + 0 \times 1 + 1 \times \frac{1}{2^1} + 1 \times \frac{1}{2^2} = 1 + 0.5 + 0.25 = 1.75$」

ということになる．

数を何進法で表そうと，それは本質的なことではない．われわれは日常では慣れ親しんだ 10 進法を使っているに過ぎないのである．

この，最初見ると奇妙な，数字が 0 と 1 しかない 2 進数などというものは，一体必要なのであろうか？

実は，現代のコンピュータの中では，数の表現に2進数表現が使われている．電気的に数を表現しやすいため，すなわち電気表現と2進数表現の相性が大変いいためにコンピュータ内部では2進数が使われているのである．(0：電圧がかかっていない，1：あるレベル（たいていは5〔V〕）の電圧がかかっていると対応づけたり，あるいは，0：コンデンサに電荷がたまっていない，1：コンデンサに電荷がたまっている，というように——「電圧がかかっている，かかっていない」「電荷がたまっている，たまっていない」の2種類との対応で表現すると，周りの様々な計算回路も簡単に作りやすいので，数の電気による表現と2進数は相性がいいのである．)

　そのようなわけで，コンピュータの設計者になるには2進数の数学がすらすらできなくてはならなくなるのである．

　蛙の前足の指は4本であるが，人間も蛙みたいに手の指が片方4本，両手で8本であったなら，$2^2=4$，$2^3=8$，というわけで，もっと早くに現代のようなコンピュータが発明されていたかもしれない．小指など一見大した役に立たなさそうな指であるが，科学技術史的に見ると意外なところで技術の進歩を遅らせていたのかもしれない．

表2-4　2進数の位取り表記法

	...	2^5	2^4	2^3	2^2	2^1	2^0	2^{-1}	2^{-2}	2^{-3}	2^{-4}	10^{-5}	...
	...	32	16	8	4	2	1	0.5	0.25	0.125	0.0625	0.03125	...
例1				1	1	0	1						
例2							1	0	1	1			

3

0と負の数をめぐる計算の話

(−1)×(−1)＝＋1 になるのは、なぜ？

0（ゼロ）がインド人によって発見されて，それでどうなったのだろう？

0というのは，気が遠くなるほど長い長い時を経て発見された「位取り表記法」で数を表していって，その位には何もないことを示す記号であった．

しかし，位取りの表記法が発見されると，必然的にそれを使って計算することが必要になってくる．ということは「0＋2はいくつだろう」「0－3はいくつだろう」などといろいろなことを考えなくてはならない．かけ算，割り算をやるには「0×2はいくつだろう」「0÷2はいくつだろう」「2÷0はいくつだろう」などなどの問に答えなくてはならなくなってくる．

つまり，ここで0を単なるその位に何もないということを表す「数字（記号）」でなく，足し算，引き算，かけ算，割り算などの計算をするべきものである「数」として扱うことが必要になったわけである．

ここで，これらの計算の歴史を追うのも大変面白いテーマであるが，本書ではそれよりも，現代人ならばたいていの人が知っている次のようなことを，現代数学ではどう考えているのか，そこを重点的にお話しようと思う．

① $0 + 2 = 2$
② $0 - 2 = -2$
③ $0 \times 2 = 0$
④ $0 \div 2 = 0$
⑤ $2 \div 0$：やってはいけない
⑥ $0 \div 0$：やってはいけない
⑦ $7 + (-3) = 4$
⑧ $2 + (-3) = -1$
⑨ $3 + (-3) = 0$
⑩ $2 \times (-3) = -6$
⑪ $(-2) \times (-3) = 6$

インド人が発見した0，その0をめぐる計算，そうして出てくる負の数（マイナスの数），マイナスの数の計算について，なぜそうなるのか現代数学としての解答を与えようというのである．

上の計算問題が出たならば，多くの人はたいてい満点がとれるはずである．しかし，

「なぜ　0に何をかけても0なの？」

とか，

「なぜマイナス×マイナスはプラスなの？」

などと子供にきかれて，はたと困ったなどということはないだろうか？

「とにかくそうなるんだよ．覚えておきなさい．」

というぐらいでなかなか説明できない人も多いのではないだろうか？

ここでは以下で，正確にその理由を考えようというわけだ．

第3章 0と負の数をめぐる計算の話

　全体的にそうなのだが，特に⑪の「マイナス×マイナスはプラスになるのはなぜ？」ということについて，私は小学校，中学校，高校を通じて正確な理由を教えてもらった記憶がない．

　私が中学生のころの話である．数学の先生に，
　「マイナスというのは赤字（あるいは借金）と考えてよい．というのは今月マイナス100円というのは100円の赤字のことだ．次の月で120円黒字になれば，この2か月でトータル20円黒字になったということだ．つまり，−100 + 120 = 20というわけだ．」
というような説明を受けた．
　で，しばらくして，負の数のかけ算の話になって，
　「マイナス×マイナスはプラスになる．」ということを聞いた．
　好奇心旺盛な私は，
　「それじゃ，『(−100) × (−100) = 10000』は赤字の話でいうと，『100円の赤字×100円の赤字は10000円の黒字』になるんですか？こりゃぼろもうけですねえ．
　　でも本当は単位をよく考えると，10000円ではなく，10000円^{2}というようなわけの分からない単位になるから，まあ，儲けというようなものじゃないんですよね．」
と言って，先生にいきなりどつかれた．
　しかし，今もってこの私の意見は正しいと思う．
　生意気な中学生を相手にして頭にきたにしてもずいぶんムチャな話だ．
　もしかしたら，あの数学の先生も「マイナス×マイナス＝プラス」の本当の理由を知らなかったのかも知れない．

　それから，これは私があるおじちゃんに「マイナス×マイナス＝プラス」になるのはなんで？」ときいたら，ひどい話，そのおじちゃんは，
　「おまえな，いいこと教えてやる．
　　何に限らず世の中には表の世界と裏の世界があってな，万事，裏の闇の世界で表の世界を陰であやつっているやつがいるもんだ．
　　このマイナス×マイナスの問題もな，詳しくは知らんがきっと数学者の陰謀なんだ．
　　数学者が陰で一般社会をあやつってそうしてるんだよ．
　　おれなんか，マイナス×マイナスはマイナスだと思うが，これをプラスにしておかねえと，数学者が儲からなくなるんだな．数学者というのはボケーッとした顔していながら，けっこう抜け目がねえんだよ．」
と教えてくれた．
　しかし，おじちゃん．それは違う．

そもそも，数学者というのは大部分が儲かっていない．そして儲かっていないことを大して気にもしていないのだ．

「マイナス×マイナス＝プラス」というのは，純粋に数学の法則の話であって，だれかが法律のごとく「こう決めるぞ．これを破った者には罰金を課す．」というようなしろものではないのである．

3-1 全体的に眺めると

本当に簡潔に結論を述べると，「$a \times 0 = 0$」や「マイナス×マイナス＝プラス」というのは，実は，

「数（例えば実数）の体系というのは，後で詳しく述べようと思うが，足し算，かけ算には結合法則が成り立っていて，ついでに分配法則なんていうのも成り立っていて，その他，いろいろな基本法則が成り立っていて…（表3-1 ―後出―），というような整然としたきれいな体系なのだ．

それがまた，ものを数えたり，長さを測ったり，いろいろな現実の現象を表すのにとても役にたつシステムなのである．

それで，これらの基本的な法則を仮定すると，必然的に『$a \times 0 = 0$』『マイナス×マイナス＝プラス』というのが証明されるのである．」

とこういうことなのだ．

つまり，きれいな整然とした基本法則が成り立つことを認めるならば自動的に，「$a \times 0 = 0$」「マイナス×マイナス＝プラス」を認めなくてはならないのである．つまり図3-1のような図式になっている．

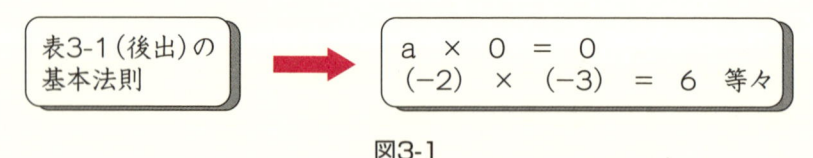

$$\boxed{\text{表3-1（後出）の基本法則}} \Rightarrow \boxed{\begin{array}{l} a \times 0 = 0 \\ (-2) \times (-3) = 6 \ \text{等々} \end{array}}$$

図3-1

この右側を否定して，例えば，

「おれは マイナス×マイナス＝マイナスという数体系で世の中を見てやる」

と宣言しても別にかまわないが，そう宣言した瞬間に，われわれが小学校時代から習ってきた整然としたきれいな基本法則がくずれてしまい，基本法則が成り立たない，そしておおよそ役にもたたない，面白くもない数体系しか使えない，ということになってしまうわけだ．

われわれはもちろん，きれいで，物理や測量，その他もろもろに役に立つ数体系が欲しいから，表3-1の基本法則の成り立つ数体系を使うことにした．そうすると必然的に「$a \times 0 = 0$」や「マイナス×マイナス＝プラス」としなくてはならないということなのである．

このことがなかなか理解できていないと,「マイナス×マイナス＝プラス」にしても「とにかくそうなんだ」式の妙な説明しかできなくなってしまうと思われる.

ここからの前おきもちょっと長くなるので,「マイナス×マイナス＝プラス」の理由を早く知りたい方は, 表3-1（42ページ）を見ながら3-4節（47ページ）に飛んでみてください.

3-2 「数とは何ぞや」の話

それではいよいよ,「0をめぐる計算の法則」の小旅行に出発しよう.

以下, 上で述べたことについてやや数学的に厳密に説明しよう. 厳密に, なんて言うと敬遠されそうだが, 大した話でもない. じっくり考えながら読んで頂ければ, 高校生以上であればもちろん, 中学生にだって分かる内容だと思う.

ここで, 直接「0をめぐる計算の法則」の小旅行に行く前にまずはじめにお話しなくてはならないのは, 現代数学では, 数（例えば自然数, 例えば整数, あるいは例えば実数）をどのように考えているのか, 何と考えているのか, ということである.

大げさにいうと「数とは何ぞや？」という問に答えなくてはならない.

これは大問題である.

これを厳密にやるには, 相当大変であるから, さっと流そうと思う. こんな大旅行に行くのはくたびれるからやめにしようというのだ.

しかし, ほんの少しだけ触れておくが, このあたりのことはむずかしければ飛ばしていただいてもかまわない.「数とは何ぞや？」という話については, 参考文献［1］が優れた本である（ただし自分一人で通読するのはちょっと大変かもしれない）.

数とは何ぞやの話

「自然数とは何だ？」

「1, 2, 3, …のことだ.」

といっても,

「○が1, ○○が2, ○○○が3, …のことだ.」

といっても, どうしようもない.

こんな曖昧なものを現代数学は認めない.

自然数とは何か？ということをきっちりとさせたものに,「ペアノの公理」[2]というのがある.

ペアノ（1858〜1932）は70年ぐらい前になくなったイタリアの数学者である. ペアノの公理というのは, 1891年の論文で出されたものだが, いわく,

・自然数には最初の数がある（通常「1」で表される）

またいわく,

・どんな自然数をもってきても「次の数」がある（1の次は2，2の次は3，…というような具合だ）．そして$x \neq y$ならば，xの次の数$\neq y$の次の数．また1はどんな数の「次の数」にもなっていない．

そしてまたいわく，

・「数学的帰納法」の原理が成り立つ

（ここでは，詳しいことは説明しないでおきます．「数学的帰納法」の原理というのは，「1である性質Pが成り立つ」，そして「kでPが成り立つ⇒k＋1でもPが成り立つ」という二つがあれば，自然数全体でPという性質が成り立つ，ということです．しかしここは言葉だけで飛ばすので，意味不明のままでかまいません．）

というようなものが並んでいる．

私は最初ペアノの公理を見たときには，その偉大な意義に気づかなかったのである．「なんだこんなもの全て当たり前ではないか．」と思ったのだ．

しかし，しかし，ペアノは偉大だったのである．

ペアノの公理を，当たり前と考えてはいけないのである．

「数とは何か？」という大問題に対して人類は，長いこと厳密な答を与えないできたのであって，これにはじめて明確に答えたのがペアノの公理なのだ，ということに気づかなくてはいけなかったのだ．

要するに「自然数とは，○が1，○○が2，○○○が3，…のことだ．それで，足し算というのは絵を描けば明らかでしょ．「2＋3」は「○○＋○○○＝○○○○○で5」とやればいいし，そうやっていくといろんな法則が成り立っている．例えば$a \times b = b \times a$（交換法則），$a \times (b + c) = a \times b + a \times c$（分配法則）などなど…」というのではなく，発想を全く変えて，ペアノは，

「そんな曖昧なものは認めない．」

「『はじめの数』があって，『必ず次の数』があって，もとが違えば次の数も違って，…数学的帰納法の原理が成り立つもの」という構造をもつもののことである．この構造をもつものを自然数と呼ぼう．

そして『数aに1を足す』というのは，aの次の数を求めることであって，…足し算とはそれを使ってこんな具合に約束されて…」

という具合に明確にいってのけたのだ．

こういう数学的構造をもっているものを自然数といおうではないか．それはどんな記号で表されていたってかまわない．例えば$\{I, II, III, \ldots\}$という記号であっても，$\{a, b, c, \ldots\}$というように書かれていてもなんでもよい．要は「最初の数」があって，「次の数があって」，…という構造をもったものは，みんな自然数というわけだ．

これで，全く曖昧なく自然数が意味づけされ，その上で足し算，かけ算も明確に意味づけされ，その結果，いろいろな法則が成り立っていることが証明されたのである．
　このペアノの公理から出てくる法則は，古代人のころから人類に知られたことばかりである．
　つまり，
　（交換法則）$a+b=b+a$，　　$a \times b = b \times a$
　（結合法則）$(a+b)+c=a+(b+c)$，　$(a \cdot b) \cdot c = a \cdot (b \cdot c)$
　（分配法則）$a \times (b+c) = a \times b + a \times c$
などなど，小学校，中学校でもおなじみの法則だ．
　しかし，ペアノが出るまでは人類は「数とは何ぞや？」という答えに厳密に答えずに，そこは曖昧にしておいて「そんなの当たり前でしょ．」と言って数学をやってきたのだ．
　多分，「それでは厳密でない」ということに気づきもしなかったのだと思う．それだからして，そんなそれまでの数の扱いが厳密でないことに気づき，厳密にやってのけたペアノはえらいのだ．
　ペアノが出てからは，「自然数」とは「これこれこういうものである．足し算とはこれこれ，かけ算とはこれこれこういうもので，…」とはじめて人類はいままで使っていた自然数にきっちりと意味をつけることに成功したのであった．
　と同時に「なんと，今までは厳密でなかったのだなあ．」としみじみ分かったのだと思う．
　「分からないことはそのうち分かるようになる．しかし，分かっていることを本当に分かるのは大変なことだ．」と言われる．
　そう．人類は自然数をずっと分かっていた．その使い方も分かっていた．よく分かっていた．しかし，本当に分かったのはペアノが出てからなのだ．
　そして，現代では，そうやって意味を厳密に定義した自然数というのは，ものを数えたり，お金の計算をしたりするのに「おどろくほど役立つねえ．不思議ですねえ．あんなへんてこりんな出発点（定義）から出発したのにこの世の役にたつなんて．」という態度をとることにしているのである．
　まあ，実用的なところから数というのは出てきたのだから，ものを数えたりするのに役立つのは当たり前と言えば当たり前なのだが，現代数学ではこのように考えられるわけである．

数とは何ぞやの話はここまでとしよう．
　（以上のところは，半分かりで結構です．ここからが始まりと考えて頂きたいと思う．）

というわけで，自然数が何なのか分かり，続いて整数とは何なのかが分かり，有理数と

は何なのかが分かり，実数とは何なのかが分かり，…というように人類は，人類の数学の歴史（1万年ぐらいか？）でいうと，やっとここ100年ぐらいで数とは何のことなのかが理解できたところなのである．歴史的な感覚で見ると「数とは何ぞや」ということはついこの間分かったばかりなのである．

3-3 実数の基本法則について

さて，今回は0にまつわる話なので，自然数ではなく実数のような0やマイナスの数を持った数体系を考えよう．

現代の抽象代数では，＋と×という演算（計算）ができて，次の表3-1の性質があるというようなもの（むずかしいことばでいうと「代数系」「数体系」などという）を考える．当然実数でこれが成り立っているのは皆さん御存知のとおりである．

本当は，「じゃあ，なんで実数では足し算の交換法則が成り立ってるの？」というような問まで行きつくのであるが，そこは，ペアノ以来，カントール（1845〜1918）とか，デデキント（1831〜1916）とか偉い数学者たちが厳密に「実数とはこういうものでね，そこでは今まで人類が無批判に使ってきた交換法則が成り立っていてね…」というような議論をしてくれたから大丈夫，ということになる．

要は，われわれは「実数という数体系では，次の法則が成り立っている」ということを，この「0にまつわる計算の小旅行」の出発点にしようというのである．

「ここを出発点にしても不安なことはないですよ」ということを上の，むずかしかったら飛ばしてくださいと断って述べた「数とは何ぞやの話」でお話したわけなのである．

表3-1 実数の体系で成り立つ基本本則

(0A) どんな a, b をもってきても $a + b$ が考えている数体系の中で計算できる．	(0B) どんな a, b をもってきても $a \times b$ が考えている数体系の中で計算できる．	閉じていること
(1A) $(a + b) + c = a + (b + c)$	(1B) $(a \cdot b) \cdot c = a \cdot (b \cdot c)$	結合法則
(2A) 0と呼ばれる，足し算（＋）の単位元という特別な数がある．	(2B) 1と呼ばれる，かけ算（×）の単位元という特別な数がある．	単位元の存在
(3A) どんな数 a をもってきても $a + b = b + a = 0$ となる数 b がある．この b のことを「a の足し算の逆元」と呼び「$-a$」で表す．	(3B) 0でないどんな数 a をもってきても $a \times b = b \times a = 1$ となる数 b がある．この b のことを「a のかけ算の逆元」と呼び「a^{-1}」で表す（実数の場合はこれを $\frac{1}{a}$ と表してもよい）．	逆元の存在
(4A) $a + b = b + a$	(4B) $a \times b = b \times a$	交換法則
(5) $a \times (b + c) = a \times b + a \times c$		分配法則

なんだか「単位元」だの「逆元」だのむずかしい言葉が出ているが，あまりむずかしく考えずに，「そういう名前で呼ぶことにしているのである」というふうに理解しておいて下さい．

この表の内容は，みなさん，しっかりと見て理解して下さい．といっても中学校ぐらいで習う内容かと思うがいかがであろうか．どれもこれも当たり前の基本法則である．

さて，表を順に見てみよう．

(0A) (0B) は何のことだろう．

(0A) (0B) は，「考える数体系は，どんな二つの数でもいいからその数体系から持ってくると，足し算，かけ算がちゃんとその考えている数体系の中でできますよ．」というごく当たり前のことを言っているのである．

このことを数学用語で言うと「足し算に関して閉じている」「かけ算に関して閉じている」となる．

いや，現代の代数学というのは，こんなところまで明らかに言わなくてはいけないのだ．ちょっと疲れるかもしれないが，まあそんなものだとして先に進もう．

(1A) (1B) の結合法則はいいよね．

(2A) (2B) が問題である．

「単位元」などという言葉が出てきている．

「単位元」というのは，要するに，「それを計算（足し算，かけ算）しても結果は変わりませんよ」という数のことだ．

詳しくいうと「どんな数でもいいからもってきてごらん．それをaとしましょ．その数aに0を足しても（aに1をかけても）結果は変わらずにaになりますよ．」という数0や1のことを単位元というわけである．

詳しくいうと，「0は足し算に関する単位元」「1はかけ算に関する単位元」というわけだ．

この足し算に関する単位元や，かけ算に関する単位元がいま考えている数体系の中に存在している，ということを（2A）（2B）は言っているのである．

このことをしっかり頭にいれておこう．

なんと，このような抽象代数の見方においては，インドで発見された「0」という数は，足し算（＋）の単位元という重要な意味をもっていたのだ．むしろ，足し算の単位元を「0」で表すことにしたのだ．

「0は空っぽだから，0＋a＝aに決まっているだろ．□（何もない箱）に●●と，物を2個入れたら，合計2個だろ．つまり□＋●●＝●●（0＋2＝2）．これは2に限らず，一般的に3でも4でも何でも成り立つよね．」という直観的なことが，抽象代数の世界では「0は足し算の単位元である」と言われるのである．

足し算の単位元　　a＋ 0 ＝a

0は足しても元の数と同じになる

それから同様に，自然数のはじめの数「1」はかけ算（×）における単位元というこれまた重要な意味をもっていたのだ．

これも，はじめは「2×3は『●●が3個』＝●●●●●●＝6だろ．だから2×1は『●●が1個』，つまり●●＝2．これは2に限らず3でも，4でも，…どんな数でも成り立つよなあ．」というような具体的なイメージが確かにあったに違いないが，抽象代数では，実数では「1はかけ算における単位元である」というとらえかたをするわけである．

次が（3A）（3B）である．「逆元」の存在という，これまたやっかいそうな言葉がでてきた．でもなんのことはない．ここをよく理解して先に進もう．

逆元とは「計算（足し算，かけ算）して単位元（0，1）になる数」のことである．

2の足し算における逆元は－2，3のかけ算における逆元は $\frac{1}{3}$ という具合である．

つまり $2+x=0$ となる数 x を「2の足し算における逆元」と呼んで「－2」と表しますよ，$3 \times y = 1$ となる数 y のことを「3のかけ算における逆元」と呼んで「$\frac{1}{3}$」と表しますよ，ということだ．

そして，

「どんな数 a をもってきても，a の足し算に関する逆元 $-a$ が，考えている数体系の中にありますよ．」

「どんな0でない数 a をもってきても a のかけ算における逆元 a^{-1} が，考えている数体系の中に存在しますよ．」

ということを（3A）（3B）は述べているのである．

ここまで，ちょっとじっくり考えると，むずかしそうなことばのわりに，実はたいした内容でもないことであった．

ただ，少しだけ注意しておこう．

それぞれの演算において単位元は一つしかない．つまり，足し算の単位元はたくさんある実数の中でただ一つ"0"だけである．かけ算における単位元はたくさんある実数の中でただ一つ"1"だけである．

それに対して，逆元は，それぞれの数に対して一つずつあるということに注意しよう．2の足し算のおける逆元は－2，3の足し算における逆元は－3，3のかけ算における逆元は $\frac{1}{3}$，4のかけ算における逆元は $\frac{1}{4}$ というように，「逆元」というのは，各数それぞれに一つだけ対応して存在しているのである．

（4A）（4B）は交換法則，これはいいね．

（5）の分配法則，これも特に解説はいらないと思う．

さあ，これで，いろいろな，0やマイナスの数に関する法則を証明する準備が整ったこ

足し算の逆元 $a + -a = 0$

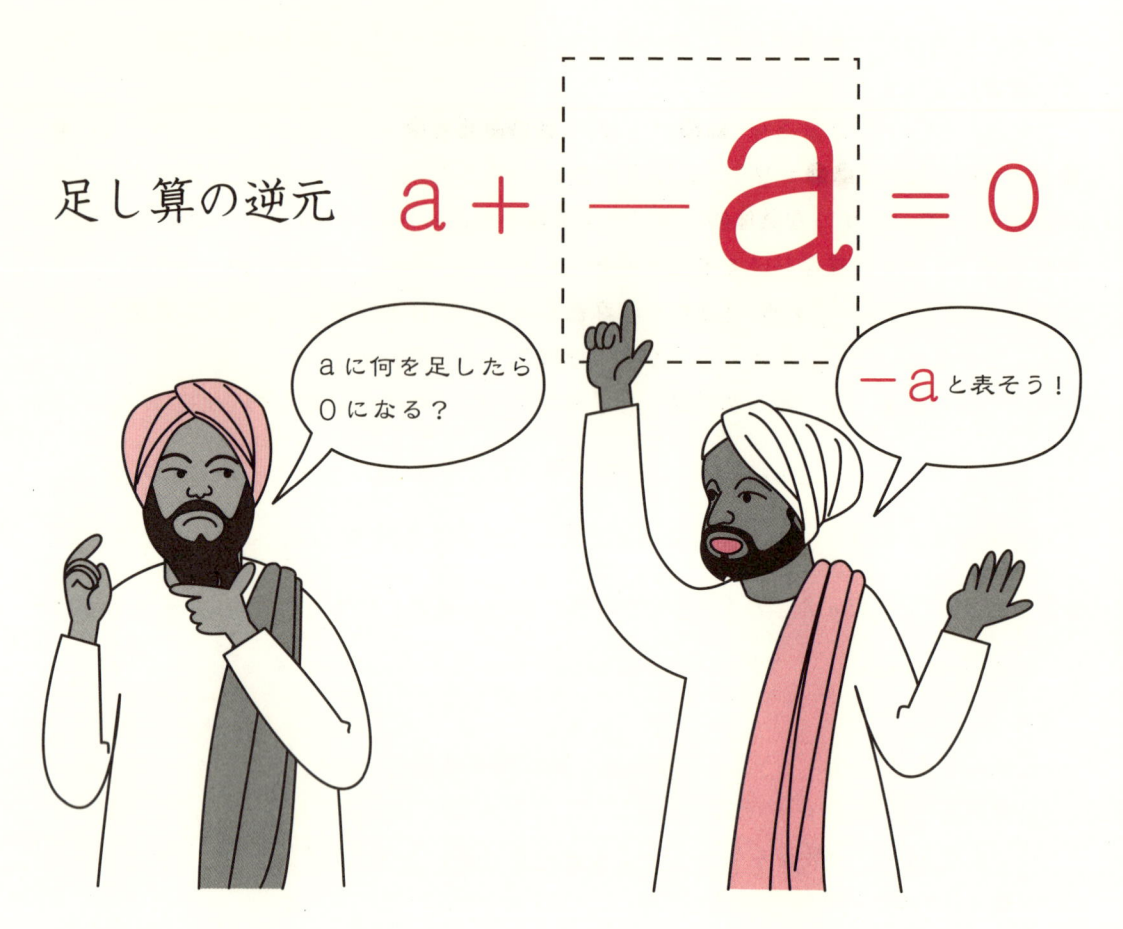

（aに何を足したら0になる？）

（−a と表そう！）

とになる．

その前にちょっとコメントを二つ三つ．

ちょっとコメント1

まず「足し算とかけ算の話ばかりして，引き算や割り算の話が出ていないではないか．」と思われた読者もいることであろう．

実は「引き算」とは「足し算の逆元を足し算することである」とするのである．

どういうことかというと「2を引く」というのは，「−2」を足すこととする．

また同様に「割り算」とは「かけ算における逆元をかけること」とするのである．

つまり「3で割る」というのは「$\frac{1}{3}$をかけること」とするということなのである．

このように，「加減乗除」「四則演算」とはいうものの，それは二つの重要な「＋」と「×」のみを基礎にして理論ができあがっていることに注意しよう．

ちょっとコメント2

今から証明することは，上の表の法則が成り立っていれば，そこでは「$0 \times a = 0$ (0

に何をかけても0になる）」や「マイナス×マイナス＝プラス」が必ず成り立っている，ということである．

　ということは，ここが抽象代数のすごいところなのだが，それ（マイナス×マイナス＝プラス，など）は実数ばかりで成り立っているのではない．あの基本法則が成り立っている数体系がみつかれば，その数体系では必ず「$0 \times a = 0$」や「マイナス×マイナス＝プラス」が成り立つということを意味するのである．

　実数以外に，あんな法則が成り立っているものなんてあるのか，というと，実際にはいくらでもある[※]．

　そのいくらでもある，例の基本法則の成り立っているのを考える場合，すべてのケースにおいて「マイナス×マイナス＝プラス」なのである．

　抽象代数というのは，このように，「この基本法則を考えましょう．具体的なものは何でもいいですよ．」と基本的な性質を抽象しているぶん「この基本法則の成り立っているものだったらどんなものでも，$0 \times a = 0$ が成り立ちますよ．」とどんな場合にも適用できるような力があるのである．

　さて，私の話はいつも横道にそれていかんなあと思う．
　いよいよ，0や負の数の計算に関する法則の証明をやっていこう．
　かなりいろいろむずかしいことばの説明をしたから，読者のみなさんは頭が疲れたかもしれない．
　頭が疲れた人は，この辺で少し休んで下さい．そうしないと，次からのお話をさっと読み飛ばす結果になり，なかなかその本質が分からなくなってしまうと思う．
　さて，少し休んだところで，頭を慣らしはじめよう．

3-4　0と負の数に関する計算

　まず手始めに，一つ考えてみよう．

問1　$3 \times \dfrac{1}{3} = 1$　となるがそれはなぜか？

　あまりにも当たり前すぎて答えに窮した人が多かったのではないだろうか？
　小学校からそう習ってきたし，あまりにもよく使っていると，あらためて聞かれるとなんとも困ってしまう．
　答を言うと，
　$\dfrac{1}{3}$ という数は，(3B) に書いてあるとおり，3の逆元である．3の逆元を $\dfrac{1}{3}$ と書いたのである．

　つまり，$3 \times x = 1$ となるそのような数 x を $\dfrac{1}{3}$ と書いているのであるから，$3 \times \dfrac{1}{3} = 1$ は当たり前なのである．

> 3に何をかけたら1になる？
>
> つまり $3 \times x = 1$ となる x を
>
> $x = \dfrac{1}{3}$ と表そう！

ちょっと妙な答である．肩透かしをくらったような，なかなか納得できない読者もいるかと思う．しかし，現代の抽象代数ではこのような考え方がふんだんに出てくる．とにかく前に述べた表の約束に戻って考えましょう，ということが多く出てくるから読者は注意されたい．

問2　$2 + (-2) = 0$ である．それはなぜか？

ついでにいくつかやってみよう．

問3　どんな数 a をもってきても，$a + 0 = a$ である．これはなぜか？

問4　$0 + 0 = 0$ である．それはなぜか．

問5　$0 - 2 = -2$ である．なぜか．

問6　どんな数 a をもってきても，$a \times 1 = a$ である．これはなぜか？

少しは頭が抽象代数になれてきましたか？

問4などは，おもしろい．

問3により，どんな数でもいいからもってこよう．それを a とするが，$a + 0 = 0$ であることが分かった（0は足し算の単位元だからこれは当たり前だ）．

a は何でもよかったのだから，0 だってかまわない．

それでは a として0を選んでこよう．そうすると $0 + 0 = 0$ は明らかである．

このような考え方もよく使う考え方である．

問5はどうでしたか？

これも実は簡単である．「引き算とは足し算に関する逆元を足すことである」から（『ちょっとコメント1』（46ページ）で述べたように，引き算，割り算はそれぞれ足し算，かけ算を使って約束されているのだ）．

　　0 － 2 ＝ 0 ＋ （－2）　　［引き算の定義より］
　　　　　 ＝－2　　　　　　　［0は足し算における単位元だから］

という具合だ．

さてこれらの問はどれもこれも，当たり前である．だってそういう数をそう呼んだんだから当たり前，そういうふうに定義したのだから当たり前なのである（例えば2の足し算に関する逆元を－2と呼んだのだから2＋（－2）＝0は当たり前である等々）．

これが何度も言うが抽象代数の考え方なのである．

インドで生まれた0．

0は現代数学ではこのような存在に抽象化されている．

さてそれでは，少しずつ進もう．

問6　どんな数 a を持ってきても，$a \times 0 = 0$ である．それはなぜか？

先ほどの問から比べると少しだけむずかしい証明になる．が，たいしたことはない．じっ

くり考えていこう．

以下ちょっと本気を出して考えて下さい．

a を何でもいいから，数をもってきたものとする．

まず，突然出てくるが $a \times (0 + 0)$ という数を考えてみる．

 $a \times (0 + 0) = a \times 0 + a \times 0$ （これは分配法則だ）

 $a \times (0 + 0) = a \times 0$ （$0 + 0 = 0$ これは問4ですね）

したがって，

 $a \times 0 + a \times 0 = a \times 0$

$a \times 0$ はまだこの段階では0になるかどうか分からない．そこで $a \times 0$ という数を x とおいてみる．そうすると，

 $x + x = x$

が成り立つことが分かった．

x には「足し算における逆元」があり，それを $-x$ と書くことになっていた．逆元が存在するのだから，$x + x = x$ の両辺にその逆元を足してみよう．

 $(x + x) + (-x) = x + (-x)$ （$x + x = x$ なのだからこれは当然である．）

そうすると，

 $(x + x) + (-x) = x + (-x)$

 $(x + (x + (-x))) = x + (-x)$ [結合法則を使ったことに注意！]

[ここで問2と同様にして $x + (-x) = 0$ が分かるから]

 $x + 0 = 0$

[問3と同じく考えて $x + 0 = x$ より]

 $x = 0$

もともと $a \times 0 = x$ と置いていたのだから，

 $a \times 0 = 0$

□（$a \times 0 = 0$ の証明終わり）

かなり解説つきで冗長な証明だった．普通の数学の試験の答案風に簡潔に書くと，

$a \times (0 + 0) = a \times 0 + a \times 0 = a \times 0$ [分配法則と問4による．]

$a \times 0$ なる数の足し算に関する逆元 $-(a \times 0)$ を上の式の両辺に足してみる．

 $\{a \times 0 + a \times 0\} + \{-(a \times 0)\} = a \times 0 + \{-(a \times 0)\}$

 $a \times 0 + (a \times 0 + \{-(a \times 0)\}) = a \times 0 + \{-(a \times 0)\}$ [結合法則（1A）]

 $\therefore \ a \times 0 + 0 = 0$ [問2より $x + (-x) = 0$]

だから $a \times 0 = 0$ [0は足し算の単位元]

   □（証明終わり）

この程度になる．

ちょっと細かくて見にくいかもしれないが，上の冗長な証明を追って目が慣れるとなんということもなくなる．目が慣れると，むしろ上の冗長な証明の方が，不自然でまだるっこしく見えてくると思う．

さて，これでとにかく，「何に0をかけても0になる」ことが証明できたわけである．

次にいよいよマイナス×マイナス＝プラスの証明に入ることにしよう．

何でもいいから数を二つもってきてそれを例によってa, bとしよう．

【1】 $a \times (-b) = -(a \times b)$ である．

これは，何を言っているかというと，$2 \times (-3) = -(2 \times 3) = -6$ というようなことを言っているわけだ．これは，目標の一歩手前の「プラス×マイナス＝マイナス」を明らかにしようということである．

どうしてかというと，この証明にはまず次の式を考えよう．

$a \times \{(b + (-b))\} = a \times b + a \times (-b)$ ［これは分配法則を使っただけだ］
$a \times \{(b + (-b))\} = a \times 0 = 0$ ［( ) の中を計算しただけである．］
　　　　　　　　　　　　　　　　　　［また $a \times 0 = 0$ は上で明らかになっている．］

ということは，

$a \times b + a \times (-b) = 0$

ということがいえる．

ここで頭を少し切りかえて，「足し算に関する逆元」を思い出しておこう．

$x + y = 0$ のとき，y を x の（足し算に関する）逆元といい，「$-x$」で表すのであった．

上の式をもう一度書くと，

$a \times b + a \times (-b) = 0$
　　↓
　x　+　y　$= 0$　と見て，

$a \times (-b) = -(a \times b)$ （$a \times (-b)$ は $a \times b$ という数の足し算に関する逆元）

が出てくる．

□（【1】の証明終わり）

時間のある人は，ここで，

【1′】 $(-a) \times b = -(a \times b)$ を簡潔に説明してみて下さい．

（【1】とまったく同じです．）

$(-a + a) \times b =$

【2】 $-(-a) = a$ である.

これは,「-2 の足し算に関する逆元は 2 である」というようなことを一般的に述べている式である.

これなども,子供に理由を聞かれでもしたら,返答に困りそうなものである.

しかし,こんなもの簡単である.

$a + (-a) = 0$ [a に何を足したら 0 になるか,その数を $-a$ と呼んだのだから当たり前である. —— 足し算に関する逆元の約束]

それでは「$-a$ の逆元」は何だろうか?

つまり,「$-a$ に何を足したら 0 になりますか?」という数は何だろうか? ということである.

上の「$a + (-a) = 0$」をじっと見つめて,抽象代数的な頭で考えてみると,それは a そのものであることが分かる.

つまり, $-(-a) = a$ であることは明らかである.

□($-(-a) = a$ の証明終わり)

【3】 $(-a) \times (-b) = a \times b$

おお,これこそが,われわれが証明しようとしていることであった.

$a = 2, b = 3$ としてみよう.

$(-2) \times (-3) = 2 \times 3 = 6$ 等々,「マイナス×マイナス=プラス」が導けるようになる.

さて,それではその証明である.

$x \times (-b) = -(x \times b)$ である.[【1】と同じ内容の式である.]

x はどんな数でもよかったのだから,$-a$ を(すなわち,a の足し算に関する逆元を)選んでみよう.

そうすると,

$(-a) \times (-b) = -\{(-a) \times b\}$ [x に $-a$ を代入しただけの式である]
$= -\{-(a \times b)\}$ [【1´】より]
$= a \times b$ [【2】より]

□($(-a) \times (-b) = a \times b$ の証明終わり)

ということなのである.さすがに少々長かったか?

でも,抽象代数の考え方 —— 「単位元って何?」「逆元って何?」という原点に返る考え方 —— に慣れれば,本当にどうということもない内容なのである.

以上で,「マイナス×マイナス=プラス」であることが分かった.

こまごました議論が続いて分かりにくいので,全体を見とおすために再度説明すると,今まで行ってきた議論は結局

「表 3-1 の基本法則が成り立っている ⇒ 『マイナス×マイナス=プラス』が必然的

に成り立つ」
ということなのである．

ということは『マイナス×マイナス＝プラス』など認めないという態度をとると，表3-1の法則がくずれてしまってどうしようもなくなる，ということである．

また，普通は実数を頭において今の議論を読めばよいのであるが，先ほども述べたように，別に実数でなくてもよい．表3-1の基本法則の成り立つ数体系では「マイナス×マイナス＝プラス」が必然的に成り立っているのである．

ちょっと細かいがまたコメントを一つ．

「マイナス×マイナス＝プラス」を証明したが，実は表3-1の（3B）── 0以外の数のかけ算の逆元の存在 ── の法則はこの証明をするのに使っていない．

つまり，（3B）のない数体系でもそれ以外が成り立っていれば，例えば整数全体などがそうであるが，そこでは（3B）は成り立っていない（整数3のかけ算に関する逆元は$\frac{1}{3}$でこれは整数ではないから，これは整数という数体系を考えている場合，存在しないことになる）が，それ以外は成り立っているから「マイナス×マイナス＝プラス」は必然として導けることになるのである．

長かった「0や負の数をめぐる計算の旅」もあと少ししておしまいにしよう．

3-5 0と割り算の話

0の割り算，0での割り算について，以前にあげておいたが次のことについて考えよう．

【再掲】
- ④　$0 \div 2 = 0$
- ⑤　$2 \div 0$：やってはいけない
- ⑥　$0 \div 0$：やってはいけない

について考えてみよう（$0 \div 1$でも$0 \div 3$でも同じことであるが，今回は$0 \div 2$などで考えることにします．）．

「割り算とは，かけ算に関する逆元をかけること」であった．

つまり「$\div 2$」というのは「$\times \frac{1}{2}$」と同じことだというのであった．

④は$0 \div 2 = 0 \times \frac{1}{2} = 0$

これは当たり前だ．［0に何をかけても0であることは以前証明してある］

さて次は⑤である．

「÷0」は「×$\frac{1}{0}$」であるが，さて，0のかけ算に関する逆元 $\frac{1}{0}$ が問題である．

そもそも「aのかけ算に関する逆元」とは「aに何をかけたら1になりますか？」ということであった．

つまり，$a \times y = 1$ となるyとは何ですか？　ということであった

そうしてみると，0のかけ算に関する逆元とは$0 \times y = 1$なる数のことである．？？？
これはおかしい，0に何をかけても0であることは証明されている．こんなyは存在しない．ということは，

「0のかけ算に関する逆元 $\frac{1}{0}$」は数として存在しないことになる．したがって，

【再再掲】
⑤　$2 \div 0$：やってはいけない
⑥　$0 \div 0$：やってはいけない

となるわけである．

さらにしつこく言うと，「$2 \div 0$」と「$0 \div 0$」はどちらもやってはいけない，そんな数はない，ということであるが，ちょっと二つの意味合いが違うので注意しよう．

まず，ここで，$a \div b = a \times \frac{1}{b} = z$ について考えてみることにする．

意味としては単純明快「$a \div b$の答（aにbの逆元をかけた数）をzとする」ということである．

この式の両辺にbをかけてみよう．

$\left(a \times \frac{1}{b} \right) \times b = z \times b$

$a \times \left(\frac{1}{b} \times b \right) = z \times b$　　　［結合法則より］

$a \times 1 = z \times b$　　　［$\frac{1}{b} \times b = 1$は$\frac{1}{b}$がbのかけ算に関する逆元であることから明らか．］

$a = z \times b$　　　［1はかけ算に関する単位元］

これは，

「$a \div b$の答z（$a \times \frac{1}{b}$という数z）を求める」ということは，「$a = z \times b$となるzを求める」ということと同じである．

ことを示している．

それでは，

④′　$2 \div 0$の答zを求めるという場合，$2 = z \times 0$となるzを求めればよいことになる．
同様に，

> $a \div 0$ ✗
> 0で割ってはいけません

⑤′ $0 \div 0$ の答 w を求めるという場合,$0 = w \times 0$ となる w を求めればよいことになる.
④′ であるが,
「0にどんな数 z をかけたら2になるか?」
そんな z はない.絶対に存在しない.(0に何をかけても0となるからである).
⑤′ であるが,「0にどんな数 w をかけたら0になるか?」
それは $w = 2$ だ.といってもいいし $w = 3$ も答だ.$w = 4$ も答だ.
結局そんな数 w は無限にある.一つに決まらない.
というわけで,
④″ $2 \div 0$ は不能($2 = z \times 0$ となる z を見つけることは不可能である)
⑤″ $0 \div 0$ は不定($0 = w \times 0$ となる w は一つに定まらない)
いやいや,少々話が細かくなってしまったが,
「0でない数 a に対して $a \div 0$ は不能※※」
「$0 \div 0$ は不定」
となって,少しその意味合いが違う.

しかし,どちらにしても「÷0」は考えてはいけないのである.

これが現代の数学で出した,0に関する計算の結論であるが,0を発見したインドでも

0に関する計算が当然でてくる．

「パンチャシッダーンティカー」（550年）という書物には「$a+0$」や「$a-0$」が出ているし，「ブラーフマスプタシッダーンタ」（628年）という書物には0を用いた計算が詳しく述べられている．

しかし，あるところでは，0で割ることを禁じているが，あるところでは，$0 \div 0 =$「無」であったり，$\dfrac{a}{0}$ を数として扱っていたり，0を今で言うと「無限小」のような扱いをしたりと，やはり0の割り算には頭を悩ませた様子がみられるという．

0を発見したインドでさえ，0の計算に関してはなかなかすっきりと答えるというわけにはいかなかったようである．

※　表3-1の法則が成り立っているもの（くわしい名前でいうと「代数系」あるいは「演算系」）は，「体（たい）」と呼ばれる．

体とは要するに加減乗除の四則演算が自由にできる数体系（ただし0による割り算は除く）と考えてよい．

実数はもちろん体であるから，専門書などには「実数体」という言葉が使われたりする．実数のほんの一部である有理数もこの性質をもっているから，よく代数学の専門書では「有理数体」という言葉が使われたりする[有理数とは，整数二つを使って分数で表すことができる数，すなわち，どんな変な形でもいいから $\dfrac{n}{m} = n \times \dfrac{1}{m}$ と（整数 n，m を使って）表すことができる数のことである．$2 = \dfrac{2}{1}$ だから有理数である．$\dfrac{1}{3}$ は当然有理数である等々．]

では「体」は，実数と有理数ぐらいしかないのか，というととんでもない．体はたくさんある．なんと驚くなかれ，{0，1} と二つしか数を持たない演算系でも体になるものがあるのだ．

```
0 + 0 = 0    0 × 0 = 0
0 + 1 = 1    0 × 1 = 0
1 + 0 = 1    1 × 0 = 0
1 + 1 = 0    1 × 1 = 1
```

という足し算，かけ算を考えるとこれだけで体になるのである．

0と1に関する普通の足し算とかけ算である．ただし一箇所 $1+1=0$ となっている．$1+1=2$ と普通にやると，今考えている数体系 {0，1} には答がなくなってしまい，むずかしい言葉で言うと「(0A) 足し算に関して閉じている」が成り立たなくなってしまうのだ．だから，この数体系を考える場合，$1+1=0$ か $1+1=1$ としなくてはいけない．今回は $1+1=0$ を採用したのだ．

それで，時間のある人はぜひ確かめてみて下さい．こんな馬鹿馬鹿しい数体系でも，ちゃんと前に出てきた表の法則が全部成り立っているのである．

そうすると，前にも何度か指摘したように，$(-1) \times (-1) = 1$ が成り立っているのである．

もっとも，この数体系では $-1 = 1$ という奇妙な（それでも正しい）ことになってしまうのであるが．

さて，たった二つしか数がないがこれだけで体（たい）という演算系になっている，こんな馬鹿みたいな数体系，何の役にたつのだと言われそうだが，情報工学の分野で大活躍する数体系なのである．

CD に少し傷がついても音楽がちゃんと聴けるのを経験した人も多いであろう．CD の音のデータ（それは 0 と 1 を使って記録されている）には「誤り訂正符号」と呼ばれる仕組みが入っており，少しくらいデータが壊れても（誤っても）訂正して元に戻せるようになっている．この誤り訂正符号をつくるのに，上で説明した $\{0, 1\}$ のみの数学が使われている．馬鹿馬鹿しいような数体系も身近なところで役に立っているのである．

ついでに言うと，このような有限個の数しかもたない体を（21 歳で決闘で亡くなった天才数学者ガロア（1811〜1832）にちなんで）「ガロア体」と呼んでいる．

役に立ちそうにない数体系が，現代において生きてくる．

「こんなもの役にたたないから無意味だ．」などと，私などもよく言い勝ちだけれども，軽々しく言ってはいけないのですね．

※※ 「$2 \div 0 = \dfrac{2}{0} = \infty$ ではないか，そういうのをどこかで聞いたことがあるぞ」と思われた人もいるかもしれない．蛇足ながらこれに答えておこう．

「実は，∞ というのは数ではない」というのが答である．実数には ∞ というメンバーがいないのである．

$\dfrac{2}{x}$ で $x = 0$ を考えたいのだが，そうも急にはいかないから，まず $x = 0.1$ を考えよう．

そうすると，$\dfrac{2}{x} = 20$ である．

それでは，もっと x を 0 に近づけて $x = 0.001$ としてみよう．

$\dfrac{2}{x} = 2000$ と大きな数になった．

もっと x を 0 に近づけて，例えば $x = 0.000001$，あるいは，もっと 0 に近づけて $x = 0.000000001$ というようにしていったら，「$\dfrac{2}{x}$ はいくらでも大きくなるなあ」というわけである．

ここの「いくらでも大きくなるなあ」という「様子」を ∞ と書くのであって，∞ という数があるわけではないのである．

【もっと詳しく知りたい人のために】
[1]　高木貞治，数の概念，岩波書店，初版1949年（1970年改訂）
[2]　青本，上野，加藤他編，岩波数学入門辞典，岩波書店，2005年

4

すべての数はラマヌジャンとお友だち

Srinivasa Aiyangar Ramanujan

インドの数学者として，私が絶対にお話しておきたいのはラマヌジャンである．私は純粋数学者ではないし，したがってもちろん数論の専門家でもないわけだから，この不思議な，数に関する大天才ラマヌジャンについて語るなど非常におこがましいのは十分承知している．

　しかし，インドと数学を語る際には，数学に少しでも興味がある方々に向かって，ぜひ紹介させて頂きたいと思う．是非ともこのような人が存在した事実を，この人の名とともに記憶してほしいのである．

　シュリニヴァーサ・ラマヌジャン（Srinivasa Aiyangar Ramanujan）．

　辞書には「1887年12月22日～1920年4月26日」とある．32才と数か月しか生きていない．

　ラマヌジャンの生涯をスケッチし，ほんの少しでも彼の発見したことを見てみると，彼が天才という言葉でおさまるのか，むしろ神様か仏様が30余年地上で遊んでいったのではないか，という不思議さにとらわれるのは私だけではないのではないだろうか．

　それは，他の天才とラマヌジャンを比べる場合，「ベートーベンはもちろん天才だが人間である．しかし，モーツァルトは神様がこの地上に30余年遊んで，600曲以上の曲を人類にプレゼントしていったのだな．」というあの感じに近いものがある．

　ラマヌジャンの生涯をスケッチしてみよう．

　　　（本当は，人の生涯を，ましてやこのようなスケールの人の生涯を，芥子粒のような著者がスケッチなどして短い言葉で語ってはいけないのはもちろんであるが，この本の性質上，詳しい物語は他の著書に譲ることにする．詳しく知りたい人は文献 [4] [5] [6] を参照されたい．）

　ラマヌジャンは南インドの非常に貧しいバラモンの家庭に生まれた．

　カースト制度におけるバラモンという身分は，人数にして全体の3%程度と言われている．全人口からみればごくわずかな人数ではあるが，その精神性の高さから，尊敬を集めている．

　そして母（コーマラタンマル）は，ラマヌジャンに，幼いころから徹底して宗教教育（ヒンドゥー教）を授けた．

　数学のような理論的な学問分野で大きな発見をする人には，宗教的な，何か絶対的な善悪を決定する価値観，絶対的な美を感じる価値観が必要なのである．それは本を読んで「そんな考え方もあるのを知っている」というようななまやさしいレベルでなく，体に染みついていなくてはいけないレベルだと思う．

　ラマヌジャンの数学は，才能・天才はもちろんであるが，このように育った宗教的環境も大きく影響しているに違いない．

　ラマヌジャンは子供のころから聡明で，数学，その他の学業に非常に優秀であったが，15歳のときに「純粋数学要覧」という公式を集めた数学書を手に入れる．これが運命的な出来事であった．この公式集のような数学書は，きちんとした証明がなく，数学の入門書というようなものではないという．ラマヌジャンはこの本の公式の証明を自分で考え

次々と自力で証明していく．

どのような天才も，いや，常人でも，この年齢に集中して一つのことをやる，数学なら数学の問題を夢中になって考える，ということはしばしばその人の一生を決定づける．

読者の中に中学生，高校生諸君がいたならば，今夢中になってやっていることがあったら，生涯それをやらずにはいられない，となることが出てくると思う．それを職業にするか，趣味のまま続けるか，とかいろいろな形をとり得るけれども，12歳ぐらいから16歳ぐらいまでのあいだに夢中になって考えるということは，そういうものであることを指摘しておきたい．

さて，数の感覚の非常に非常に鋭いラマヌジャンが，この年齢で数学の公式を夢中で考える．これだけで，数学を一生涯やらずには気がすまない脳ができ上がったとみてよい．

もはや，こんなに面白く，（月並みな言葉だけれど）美しい数学に出会えば，他のことにはほとんど興味がなくなってしまう，ということもしばしば起こることである．

ラマヌジャンもそのとおり．16歳のとき奨学金つきでクンバコナム州立大学に入学するが，数学に集中するラマヌジャンには他のことには興味がわかなかったに違いない．そうして数学以外は落第点で，奨学金は打ち切られ，結局卒業はできなかったのである．

今度はパチャイアパズ大学にこれまた奨学金つきで入学できたが，数学の成績は抜群であったにもかかわらず，他の科目のできが伴わず卒業できずということであった．

19歳で挫折をして故郷のクンバコナムの実家に帰り，21歳でジャーナキと結婚する．

22歳ぐらいまでは特に仕事もなかったが，23歳でやっとパトロンがつき州の官僚がポケットマネーで奨学金を出すようになる．少しずつではあるが数学に安心して打ち込める環境が整っていった．

この時期にラマヌジャンは数々の数学の発見をして，インド数学会に「ベルヌイ数の諸性質」（1911年というから24歳ぐらいのときだ）という数学論文を発表している．

そうして「港湾事務所」という職場での仕事につくことになるが，ラマヌジャンの才能を見抜いた上司は，彼が事務所の仕事をあまりせずに数学研究に没頭していても暗黙に認めるという，ラマヌジャンにとってよい環境にあったという．

さて，そうこうしてインドの数学会で少し名前が知られたことになるが，どれぐらいすごいのかが誰にもわからない．

まわりの知人は天才だと感じている．しかし当時のインドでは，その才能を見きわめられない．

それでは，どうしたらよいか．

周囲の知人たちの勧めもあって，ラマヌジャンはイギリスの数学者に自分の発見したことを丁寧な手紙に書いて送ったのである．これが1913年ということだ．

2人の数学者（ケンブリッジ大学のベイカー教授，ホブソン教授）は，この手紙を無視した．

今になって思うと大変残念なことである．「あのラマヌジャンの手紙を無視するなんて

なんたることか.」と言いたくはなるが，それは今だから言えることである.

それはある意味で当然のことなのである．数学という学問は大変美しいものであるが，また大変厳しいものでもある．「習う」とか「勉強する」という言葉よりも「修行する」という方がぴったりくるぐらいのところもあるものなのである．

たいていは大学に入り，数学の各分野の基本的なことを学び，その後（今では数学には相当多くの分野があるので，そのうちの一つの分野の）先生について修行し数学の一分野の専門家になっていく，というのが普通である．大学を出ないで独学で数学を勉強した，という人はもちろん多いし，尊敬に値する．しかし，それはあくまでも数学を習うというまでであって，多くは，新しい発見をするというまでにはなかなかいかない．常識で考えると，「正当な数学を学ばずに新しく数学上の発見をするというのは不可能に近い」とさえ言えると思う．

新しい発見と思ってもまずはすでに誰かが考えたものであることが多い．そもそも，数学のある一つの分野を見てみると，その分野の専門家以外には，現在どこまで進んでいて，何が問題になっているのか，何をすれば新しい発見になるのかさえ明らかに分かるのはむずかしい．それは非常にむずかしいことなのである．それが分かったらその道の専門家になれる．それこそ新しい発見の一歩前にいることになるのである．

数学上，なにゆえに何が問題なのか，を知るだけでも相当の勉強を要するのである.

確かに「数論の未解決問題集[1]」「幾何学における未解決問題集[2]」というような，アマチュアでも未解決問題とその意味が分かるような書も出ている．これらは数学にちょっとでも興味があったら，大変面白い本である．

これらの本は，本当に面白い．しかし，見かけは簡単でも未解決問題だけあって，とてもとても普通に歯が立つしろものではないことが分かる．たった一つの問題でさえも，何年も，ときには何十年も未解決のままであり，それを少しでも解くための手がかり足がかりのための理論，論文が山のように出ていることも珍しくない．われわれ素人が，学校の数学の試験のように1時間で解けました，ということはまずないと思って間違いない．解けたと思ってもたいていは問題を勘違いしたりしているのであって，アマチュアが簡単に重要な未解決問題を解いた，などということはまずないのである．

さて，そういうわけで上記2人の数学者がラマヌジャンの手紙を無視したのも責めてはいけないと思う．彼らは彼らの解きたい問題があり，集中力を，一アマチュア数学愛好家が送ってきた公式のために分散したくないのはごく当然である．

実際に，これと似たことがガロア（1811～1832，21歳で決闘でこの世を去った天才数学者）にも起こっている．ガロアは方程式論に関する論文を当時の大家コーシー（1789～1857）らに送っているが，紛失したり，無視したりされている．ガロアの話はまた長くなるのでここではこれ以上深入りはしないが，天才が何か新しく発見したことが世間に認められるようになるには大変な運を必要とするのである．

アマチュア数学愛好家が，数学上重要な新しい発見をいくつもしている，などというこ

第4章　すべての数はラマヌジャンとお友だち

とは万に一つもない．そのごくごく小さな可能性に一流の数学者はまず時間をとられたくない．

　しかし，である．ラマヌジャンが手紙を送った3人目の数学者は，大変幸運なことにケンブリッジ大学のG.H.ハーディ（1877～1947）教授であった．何が幸運だったのであろうか．

　ハーディは，ラマヌジャンの発見した公式を扱う分野の第一人者であり，またその人が手紙を手にとって見たことが幸運であった．

　ハーディは，手紙をさっと見る．そこには不思議な公式がいくつもある．新しい発見でもなんでもない今まですでに知られている公式もあるし，この道の一流の専門家である自分が知らない公式もある．かといって，それらの自分の知らない公式が正しいのか，あるいは間違っているのか判断できない．送り主は一種の狂人であろうか？

　また時間をおいて少しよく見てみる．

　そこには，ハーディ自身が発見した，しかしまだ論文として発表していなかった──したがって誰も知るはずのない──公式があった．これは何を意味するのであろうか．それはハーディ自身と少なくとも同じぐらいの数学的センスをもった人からの手紙であ

る，ということである．ましてやそれがアマチュア数学愛好家からの手紙であれば，百回ひっくりかえっても驚き足りないほど驚愕すべきことである．——それが本当に手紙の主が独力で発見したのであれば….

ハーディは友人の共同研究者である数学者リトルウッドと二人でよく調べてみた．この手紙の差し出し人は狂人だろうか，詐欺師だろうか，天才だろうか？

2時間以上の真剣な検討の結果，二人は興奮して結論を下した．

彼は真の天才である．大天才である，と．

この結果，ハーディが中心となり，ラマヌジャンをイギリスに呼び寄せ共同研究をすることになる．

結果だけを書くとこれだけであるが，これは当時としては大変なことである．現代の日本であれば，イギリスに留学するということはどうということもない．

しかし，時代とラマジャンヌのとりまく環境を考えると，イギリス留学は非常に困難であった．

ラマヌジャンはすでに結婚していた．バラモンは，宗教上の理由から海外に行くことは許されなかった．外国に行くことは身分追放を意味していた．それを押し切って行くことに母は猛反対する．この部分はまた長くなって見通しが悪くなるのでここでは深く追求せずにおくが，この大問題をどうにかこうにかクリアし，とにもかくにも，大きな決断をして，ラマヌジャンはイギリスに渡る．ハーディ教授と共同研究を始めたのである．1914年（27歳）のことである．

インドにいるときも，イギリスに渡ってからも，ラマヌジャンは彼独特の方法で様々な新しい公式を発見していく．

ハーディのもとに「毎朝のように半ダースほどの新しい公式をもって現れた」のである．

これもまた凄まじい．普通の数学者は，たぶん1年に2〜3個の公式を新たに発見すれば上出来だと思う．それが，毎朝半ダースである．

私はこれだけであいた口がふさがらない．

もはや人間業ではない．

さて，しかし，ラマヌジャンはそれらの公式そのものを示したものの，それらの公式の証明は全く示さなかったのである．これもまたラマヌジャン流である．

ここで少し，数学者が数学をするというのはどういうことか，ちょっと難しくなるがお話しておこう．

数学者が問題を解く場合，あるいは公式を発見する場合，いちいち計算をするようにして，すなわち論理の一歩一歩の積み重ねにより公式にたどり着くのではない．そういうことも一部分あるのであるが，むしろ，直観にたよるところが大きい．

もちろん，ふだんなまけていては直観が働く道理がない．日ごろから一つのことを，大変な集中力で考える．だいたいはむずかしい問題は解けない．二日めも考える．あいも変わらず解けない．こんな状態が何日も何日も続く．何日続くか，何年続くか分からない．

ひどい話，一生解けないかもしれない．「解けないかもしれない」——　そんな不安な状態に耐え続けて，数学者は生きるのであるから，数学を専門にするというのはおそろしく骨の折れることなのである（このような精神状態というのは身体に相当ダメージを与えるので，数学者になるには丈夫な心と身体が必要となる）．しかしそういう解けない日々が続いた後，特にボーッとした瞬間に問題が解けることがある．このときのうれしさといったらない．数学者はこのうれしさを食べて生きているのである．

　さて，そして，だいたいはどうもその自分の考え，あるいは公式が正しそうだとなったら，今度は万人を納得させるような証明をつけなくてはならない．この証明は厳密に論理で書かなくてはならない．これが，数学者の行うことである．

　読者諸君のなかにも，別に数学の問題に限らず，いろいろなところでこのような発見を経験したことのある人がいると思う．あるいは，今後このような過程で何か小さなものでも，はっとして発見するということがあると思う．どうも，人間の脳は，集中して考えて，脳の中にその問題のすみずみまでが手にとるようになった状態をつくると，あとは脳が勝手に働いて解いてしまう，ということがあるようである．まるで「問題」という種をまいて，「集中して考え，すみずみまで問題の構造が分かるようになる」という水をやると，あとは時期が来ると，土である脳の中で種がぽっと芽を出すような感じで．

　数学者がこうして発見するものは，公式そのものであったり，公式の証明だったりする．もちろん，普通は「こういう公式が成り立っているに違いない．」という発見をした場合，その数学者はその公式を証明する努力をする．直観で得たことを証明という論理的にだれも文句のつけようのない形にしてはじめてそれはみんなに納得してもらえることになる．

　とにかく，数学の公式というものは発見したら証明をしっかりつけなくてはならないのである．

　ラマヌジャンは，毎朝公式をもってきたが，証明がない．上で述べたように数学には証明が必要である．ハーディは証明をもってくるように何度も催促したが（ハーディはラマヌジャンがイギリスに行く前にも何度かの手紙のやりとりの中でも催促している）いっかな証明をしない，証明をもってこない．

　結局は，ラマヌジャンが公式をもってくる，ハーディが厳密に証明し共著の論文にする，という形式で数学としての価値ある仕事が次々になされていったのである．イギリスに渡ってからの40編ほどの論文はこのようにして生まれたのである．

　実は，ラマヌジャンはイギリスには5年しかいなかった．しかも，後半2年は病床にあった．5年で40編の論文 —— これも驚異的である．

　私は，ラマヌジャンも偉いがハーディも偉い，と言いたい．

　しかし，さすがのハーディもラマヌジャンの持って来た全ての公式に証明をつけて論文として発表することはできなかった．それは至極当然のことである．何分にも発見の数が多すぎる．

　凡人には一生かけて数個の重要な公式発見だけでも大したものである．それが（繰り返

し述べるが）毎朝のようにとは….

　ラマヌジャンが証明をしようとしなかった理由はいくつも考えられている．

　いわく，「ラマヌジャンは独学で数学を勉強したため，大学で厳密な数学のやりかたを習っておらず，なぜ証明が必要なのか，厳密な証明の意義が分からなかったのだ．」

　またいわく，「もともとインドの数学は，言葉で問題や解答を述べていて，厳密な証明を書かないような形式なのだ．ラマヌジャンもインド数学の伝統ある形式でやっていただけなのだ．」

　もちろん，ラマヌジャンの心の中は誰にも分からない．

　ラマヌジャンは，「ナーマギリ神が教えてくれた」とよく言っていたそうだが，公式には当然自分流のやりかたで理由をつけていた．ラマヌジャンぐらいになると，独自の方法でなにかが検証できれば（何がどう検証されるのかは我々凡人にはとうてい分かりえないことであるが），それはごく自明なことだったのかもしれない．数に対する境地が人間のものではないのであろう．

　ラマヌジャンはかなり厳密な菜食主義者であり，イギリスにいる間もそれを通した．イギリスでは食べるものにも苦労したことであろう．また，イギリスにおける友人も多くはなく，精神的にも苦しかったものと思われる．太陽のインド，太陽のないイギリス——気

ナーマギリ神

候も合わなかったのであろう．イギリスに行って3年目に病気にかかって療養所生活に入る．

1918年2月ごろ，こんなエピソードが残っている．ハーディが病床のラマヌジャンのお見舞いに行き，

　「乗ってきたタクシーのナンバーが1729だったよ．特に特徴のない，どうということもない数字だが．」

するとラマヌジャンは即答する．

　「そんなことはありませんよ．とても面白い数です．それは2とおりの二つの立法数の和で表せる最小のものですから．」

どういうことかというと，

$$1729 = 12^3 + 1^3 = 10^3 + 9^3$$

というように，1729は$\bigcirc^3 + \square^3$と（正の整数 —— 自然数の）3乗の数二つの足し算で表されるがそれが2とおりの形がある．1729はこのように「2とおりの『立法数の和』で表せる数で最小のものだというのである．

多分，ラマヌジャンはこれをこのとき即座に計算して発見したのではなく，以前に計算して知っていたのであろうと思われる．それにしても，常にこのようなことを考えているのであろう．本当にほんの少しだけラマヌジャンの思考に触れられたような気がする．

さらに，ハーディが，4乗の数でも同じものがあるのかを聞くと，ラマヌジャンは少し考えた後「あると思うが大きすぎて分からない．」と答えたという．

ラマヌジャンはこのとき，この質問をハーディにされたとき，どのようなことを考えたのであろうか．一つの数，例えば10000を考えると，「ああ，この数は4乗の数＋4乗の数，とは表せないな．」というのが一瞬にして直観で分かるのであろうか．そして10001もだめだな，10002もそうはならないな，….などと考えたのであろうか？ラマヌジャンの思考はだれにも分からない．

このようなことがあり，数学者リトルウッド（ハーディの友人で，ラマヌジャンの手紙を一緒に検討して天才と認めた数学者）は，

「すべての数はラマヌジャンのともだちだ．」

と言ったということである．

1914年にイギリスに渡り，凄まじい精神力で数学をする —— 30時間休みなしで数学を考えて，20時間ぶっ続けで眠るという生活だったとも聞く —— が，3年ほどで病気にかかってしまう．

先にも述べたが，精神的にも気候的にも合わないことが多かったせいであろうか．

この後2年間は病院や療養所を転々とする．10人ほどの医者にもかかったが，栄養を摂らせようとも厳密な菜食主義者で，医者の指示に従わなかったこともあり，結局病気から回復せず，1919年3月に，5年間のイギリスでの生活を終え，インドに戻ることになる．

インドでも，妻ジャーナキの介護を受けながら療養生活をする．ここでも大天才はまさ

に最後の輝きともいうべき600からの公式を発見する.

しかし,とうとう病気から回復せず,1920年4月に32歳の若さで世を去ったのである.

ラマヌジャンの生涯を本当にかけ足で追ってきた.

ラマヌジャンの発見した神秘的といおうか,不思議なといおうか,その公式には全く触れることがなかった.そこで,もちろんいくつもを紹介するわけにもいかないから,一つ二つ見てみることにしよう.

$$\frac{1}{\pi} = \frac{2\sqrt{2}}{99^2} \sum_{n=0}^{\infty} \frac{(4n)!(1103+26390n)}{(4^n 99^n n!)^4}$$

$$\frac{4}{\pi} = \sum_{n=0}^{\infty} \frac{(-1)^n (4n)!(21460n+1123)}{882^{2n+1}(4^n n!)^4}$$

円周率 π を求める公式はたくさん知られている.上のどちらの公式でもいいが,はじめのものを見てみよう.

数式の意味は後ほど少しだけ考えるとして,とにかくじっと眺めるだけ眺めてみよう.

数式を見ると頭の痛くなる,という人は,とにかく意味などどうでもいいから眺めてみよう.

私などは,「これが人間が思いつくものかね.」「何かの役にたつのかね.」などとうっかり言いたくなりそうなシロモノである.

いや,こんなもの「いんちきでもいい,でっちあげでもいいから書いてみろ.」と言われたって,書けるものじゃない.これをいんちきでもいいから,だれにも教わらずに書ける人がいたら,本当に狂人か天才だと思われるほどである(今はコンピュータが発達している時代である.全くのいんちきだったらすぐ化けの皮がはがれてしまうことは明らかである.いんちきをつくるのなら,それなりに,なかなかばれない巧妙なものをつくる必要がある.巧妙ないんちきをつくるのもそれはそれでおそろしい才能だと思う).

ちょっと数学の好きな人だったら,「円という図形からでてくるあの円周率という数──π,その逆数がなんであんなへんてこりんな分数の無限の和で表されるのであろうか.」と言って驚くかもしれない.

ここから,しばらくは,上の数式について少しだけ説明しよう.数式ときいてうんざりする人は,飛ばして下さってもよろしいかと思います.

以下 上の公式について考えます.

> ここでは二つの公式のうち上の方の公式について考えよう.別に証明をしようという大それたことをするわけではありませんのでお付き合いを願います.
>
> $$\frac{1}{\pi} = \frac{2\sqrt{2}}{99^2} \sum_{n=0}^{\infty} \frac{(4n)!(1103+26390n)}{(4^n 99^n n!)^4}$$
>
> というのであるが,まず,「$\sum$」というのは要するに足し算であることを知っておこう.それは,「全部足しなさい」という意味なのである.それで,何を足すのかというと

∑の中にあるもの（右にある式）を全部足すということである．

∑の右の式は $\dfrac{(4n)!(1103+26390n)}{(4^n 99^n n!)^4}$ であり，n が入っている式になっている．

しかし，足そうにも，n が決まらないとこの式の値が決まらない．

それじゃまず $n = 0$ を考えよう．これなら $n = 0$ のときの上の式の値が決まる．

$0! = 1$, $a^0 = 1$（a は 0 以外の数なんでもよい）に注意して，$n = 0$ の場合を求めてみると

$$\dfrac{(4n)!(1103+26390n)}{(4^n 99^n n!)^4} = \dfrac{(4\times 0)!(1103+26390\times 0)}{(4^0 99^0 0!)^4}$$

$$= \dfrac{1\times (1103+0)}{(1\times 1\times 1)^4}$$

$$= \dfrac{1103}{1} = 1103$$

こりゃ簡単でよろしい．

少しややこしくなるが，$n = 1$ の場合．

$$\dfrac{(4n)!(1103+26390n)}{(4^n 99^n n!)^4} = \dfrac{(4\times 1)!(1103+26390\times 1)}{(4^1 99^1 \times 1!)^4}$$

$$= \dfrac{24\times (1103+26390)}{(396)^4}$$

$$= 0.0000268319\cdots$$

という具合である．

調子にのって $n = 2$ の場合もやってみよう．

$$\dfrac{(4n)!(1103+26390n)}{(4^n 99^n n!)^4} = \dfrac{(4\times 2)!(1103+26390\times 2)}{(4^2 99^2 \times 2!)^4}$$

$$= \dfrac{40320\times (1103+52780)}{(313632)^4}$$

$$= 0.0000000000002245385\cdots$$

以下，全く同様である．

さてそれで，$\sum_{n=0}^{\infty}$ の意味であるが，「∑は足せ」ということだったが，なんだかよく分からないのは「$\sum_{n=0}^{\infty}$」のところである（これは，$n = 0$ から ∞ まで足し合わせろ，と言っている）．

要は，上で求めたように，

$n = 0$ のときの式の値（1103）と，

$n = 1$ のときの値（$0.0000268319\cdots$）と，

$n = 2$ のときの式の値（$0.0000000000002245385\cdots$），

同様に $n = 3, 4, 5, 6, 7, 8\cdots$ のときの値を全部（∞ まで）足せ，ということなのである．

これは，少し考えると無茶なのだが（無限個の値を足せとは何たることか？）まあ，このあたりはやかましいことを言わずに通り過ぎよう．

それで，無限個足すというのはなんだから，$n = 0, 1, 2, 3, 4, 5, 6, 7, 8, 9, 10$ まで足してみよう．

その足し算の結果は，1103.00002683197… となる．本当はこれでは無限まで足していないのであるが，これを仮に無限まで足し合わせた結果ということにしてしまおう（かなり強引である）．

たった 0～10 までの 11 個を足して，無限個まで足したこととして代用しようというのである．なんともムチャな行為である．

しかし，しかし，なんと，さあここからがお立会いである．

$$\frac{1}{\pi} = \frac{2\sqrt{2}}{99^2} \sum_{n=0}^{\infty} \frac{(4n)!(1103 + 26390n)}{(4^n 99^n n!)^4}$$

$$\fallingdotseq \frac{2\sqrt{2}}{99^2} \times 1103.00002683197\cdots \quad (\fallingdotseq は「だいたい等しい」という意味です．)$$

$$= 0.318309886183\cdots$$

（ここの 1103.000026… は $\sum_{n=0}^{\infty}$ の代用品です．）

ということは，さあ，いいですか，

$$\frac{1}{\pi} \fallingdotseq 0.318309886183\cdots$$

この式から円周率 π の値を求めてみよう．上の式を変形してみると，

$$\pi \fallingdotseq \frac{1}{0.318309886183\cdots} = 3.1415926535\cdots$$

となる．不思議，不思議．円周率がかなり正確に出ている．

なんだか，鮮やかなマジックを見たみたいである．ありていに言えば，あまりにも鮮やかすぎてごまかされたのではないかと疑いたくなる雰囲気すらある．

それでも，上の計算は正しいのである．

なんでこんなへんてこりんな式で円周率 π が正確に何けたも求まるのであるか？ ウーム．私は，この文章を書いていてここで何度もうなってしまった．

たった 10 個か 11 個の項を足した代用品を用いても，円周率の相当のけた数が正確に出るのである．これこそが，公式の効用である．公式の力なのである．

（他にも円周率 π を求める公式はいくつもあるが，その中でもラマヌジャンのこの公式は収束性にすぐれている —— つまり，少し計算しただけでも，π の値を正確に求めることができる）．

例えば，わざと収束性の悪い公式を選んでみると，

$$\frac{\pi}{4} = 1 - \frac{1}{3} + \frac{1}{5} - \frac{1}{7} + \frac{1}{9} - \frac{1}{11} + \frac{1}{13} - \frac{1}{15} + \frac{1}{17} - \frac{1}{19} + \frac{1}{21} - \frac{1}{23} + \cdots$$

という公式がある．これはインドのマーダヴァが 1400 年ごろ見出したものとも言われている（グレゴリー（1671 年），ライプニッツ（1674 年）も同じものを見つけたようである）．

これは，見た目も簡単でよろしい．では，$\frac{1}{21}$ まで足してみよう．

$$\frac{\pi}{4} \fallingdotseq 0.8080789523513\cdots$$

これから，

$$\pi \fallingdotseq 4 \times 0.8080789523513\cdots = 3.232315809405\cdots$$

同様に今度は $-\frac{1}{23}$ までやってみると $\pi \fallingdotseq 3.058402765927\cdots$ となる．

これらはあまりよい π の近似値とはなっていない．

これは，先にも述べたように，収束性のよくない公式をわざと選んである．もっと速く収束する π の公式もたくさん知られているが，やはりラマヌジャンの公式は収束性といい，式の形といい独特な光を放っているように思える．（π の公式を手っ取り早く見たい方は文献 [3] をご覧下さい．）

改めて式を見てみるとやはり奇妙なこと抜群である．なんで 99（の n 乗）なんて数が π に関係あるのか？ なんで 2 の平方根なんて数が円周率 π に関係するのか？

私は，ラマヌジャンのこの公式をじっくり観賞してみて，今になってめまいがしてきた．

なんと奇妙な，奇妙な，本当に人間が思いついた公式であろうか，なんという公式であろうか？

こんな私の言い回しに対して「なんとオーバーな．そんなにあの公式に価値があるのかい？」と思っている読者諸君．もしいるとしたら，円周率 π を求めるいい公式を，どんな形式でもいい，でっち上げてくれたまえ．あっていればいいが，インチキでもいい，とにかく何か示してくれたまえ．

日本の江戸時代の数学者（和算家）建部賢弘（1664〜1739，和算家関孝和の弟子）はそれに晩年を費やしたほどなのである[7]．

思わず興奮して挑戦的な口調になってしまったが，お許し下さい．とにかく少しでも私といっしょに，ラマヌジャンの公式を見て目がまわってくれたら大変うれしいと思う．

以上で，ラマヌジャンの公式の説明を終わろう．

さて，上の摩訶不思議な数式であるが，何かの役に立つのであろうか？

ここでちょっと私の意見を述べさせていただくと，数学の公式が何の役にたつのか，などという質問をしてはいけないのである（実は今ついうっかり言ってしまったが）．

数学は理想的な数（や数学的な構造の約束された空間（集合））という世界で，どういうきれいな，絶妙な調和のあることが成り立っているのかを調べる，（誤解をおそれずに言えば）「一種の芸術的学問」であって，それが世間にどう役立つかなどはどうでもいいのである．

日本人は，長年の教育のせいか，実学に重きをおく風潮がかなり強いと思う．しかし，純粋に美的感覚で数学を見る，純粋に興味から物理学をやる，というせいせいした，広々とした世界があってもいいと思う．

いや，そのような見方こそ大切であり，それがなく，「抽象的なもの，すぐに役に立たないものはつまらないものだ」というような考え方は，（おおげさに言えば）日本の将来に大きな傷を残すことになるとさえ私には思われる．

「すぐに農業に，あるいは工業に役立たないものは価値がない」とするならば，音楽や美術はどうなのか，囲碁や将棋やチェスはどうなのか，バレエはどうだ，ということになるであろう．今すぐ役に立たなくとも，美しいから尊いのだなあ，という心の奥深いところでの感覚のようなものがなくてはいけないと思うのである．

話をもとに戻そう．

それで，先ほどのラマヌジャンの不思議な公式であるが，実は，円周率πの計算に役立っている．

円周率πというのは，学校でも習ったとおり$\pi = 3.14159265358979323846264 3383279\cdots$と，無限に続く小数である．

これは，たった「円周の長さ÷直径」で定義される数なのであるが，これがなかったら，数学も物理学もおおよそ進まない，というぐらい重要な数なのである．（ちなみにもう一つそんな重要な数がある．——高校で習う$e = 2.7182818284590\cdots$である．）

さて，πを精密に，小数点以下何けたも計算するのはかなり難しい問題であり，古来からいろいろな有名な数学者が挑戦している[3]．

πを求める公式はたくさんあるのであるが，数学用語でいうと「収束の速い」公式はなかなかなく，「その公式でπを計算しては，かなり時間がかかってしまう」ということが多いのである．

現在では，日本の金田（かなだ）康正先生が，スーパーコンピュータを使って小数点以下1兆けた以上計算しておられるのが有名である[8] [9]．

1914年にラマヌジャンによって発見されたこの公式は，1984年に証明され，1985年にこの公式を用いて，アメリカのゴスパー（W.Gosper）が小数点以下1752万けたあまり計算したということである．

つまり，何度も述べるが，このラマヌジャンの公式は収束が速く，コンピュータでπの精密計算をするのに適した「役立つ」公式なのである．

まあ，「それでは，πなんか何億けたも計算して何の役に立つのですか？」と言われれば，もう私には答える術(すべ)はない．
　さきほどの「まあ，役に立たなくともいいものはいぃ．」と，もごもご言うしかなくなるのであるが．
　ラマヌジャンの生涯と，公式の周辺を少しだけ散歩してみた．
　そろそろこの話も終わりにするが，最後にあと少しだけ．
　ラマヌジャンやインドとは直接関係ないが，せっかくπの話をしたのだから，一言だけ話そう．
　「πは万能数である」という予想がある．これは2008年現在解かれていない，つまり証明されていない未解決問題である．だから「予想」なのである．
　これはどういうことかというと，
　「何でもいいから，好きな数（正の整数）を言ってごらん」
　「592」
　「それはπ = 3.14159265358979323846264338327 9….の中の小数点以下4けた5けた6けたのところにあるよ．」
というように，「どんな数でも言ってごらん，πの中（の連続した一部分）に見つかるから」ということなのである．
　「万能数」とはこのように「どんな数でも言ってみてごらん．それがこの数の（小数点以下の）数ならびの中に必ずみつかるから」という数のことなのである．
　有理数（分数で表せる数）は万能数ではないことが証明されている（これは簡単に証明できる）．また，万能数がどこかにあることも証明されている．しかし，円周率πが万能数かどうかはまだ分かっていないのである．
　私などには，「どんな世界でも含んでいる，宇宙さえ含んでいる」というぐらい神秘的としか思えない性質である．πはどうなのだろう，万能数なのだろうか？
　ラマヌジャンがこの世に生き返って，この予想を聞いたらどうするであろうか？証明しようとするのであろうか，それとも，「こんなもの当たり前だ．」と言い切るのであろうか．
　さて，ラマヌジャンの示した3000を越す公式（3254個だそうだ）はあっているのかということである．ハーディがやった証明は一部分である．ラマヌジャンの亡くなった1920年からいろいろ調べられて，やっと1997年に全部証明されたそうである．中には最新の数学を使ってしか証明できないものもあったということだ．
　そして，結果的にはラマヌジャンの誤りは，驚くほど少なかったという．
　ラマヌジャンの研究はこれで終わりではないと思う．ラマヌジャンの発想法の研究・（数学の世界では不思議なことに，美しく神秘的な公式は発見されてから何年，何十年してから決定的に重要な応用が見つかることが多いが）公式の応用については，現在でも手がほとんどついていないということである．

【もっとくわしく知りたい人のために】

[1] R.K. ガイ（一松訳），数論における未解決問題集，シュプリンガー・フェアラーク東京，1983 年

[2] H.T. クロフト，K.J. ファルコナー，R.K., ガイ（秋山訳），幾何学における未解決問題集，シュプリンガー・フェアラーク東京，1996 年

[3] 金田康正，π のはなし，東京図書，1991 年

[4] 金子昌信，「ラマヌジャン」 数セミ 2006 年 2 月号 p26，日本評論社

[5] 藤原正彦，心は孤独な数学者，新潮社，1997 年

[6] 藤原正彦，天才の栄光と挫折—数学者列伝，新潮選書，2002 年

[7] 鳴海風，円周率を計算した男，新人物往来社，1998 年

[8] π の部屋　http://www1.coralnet.or.jp/kusuto/PI/

[9] 円周率の記録　http://pi2.cc.u-tokyo.ac.jp/pi_current-j.html

5

素数をめぐる話題

「素数は無限にある！」

古代ギリシャの数学者
ユークリッド

5-1 素数と素因数分解

　素数なんて —— なんてということもないけれど —— 中学校で習って，少し何やらやった後はあまり話題にならないテーマである．高校になっても，大学になっても数学や特殊な情報科学を専攻しなければあまり素数の話は出てこないであろう．
　「いったい素数の何が面白いのだ．」と感じた読者もたくさんいるのではないだろうか．しかし実は，素数にまつわる話は大変複雑で面白く，また現代の数学でも未解決の問題がごろごろしているのである．こんなスリリングなものがあろうかというぐらいだ．ここでは最近の，素数に関してインドの数学者が大活躍した話題をとりあげ，素数の面白さ，奥深さの一部を紹介しようと思う．
　ただ，話の性質上，素数一般に関する話題がどうしても多くなり，インドの数学者がした発見についてはほんの表面しか追えなかったが，それでも素数の不思議さ，むずかしさ，インド人が関与したすごい話に少しでも興味を持っていただけたらと思うのである．
　ところで「素数」って何のことだっけ？
　まず，教科書にある「素数の定義（定義：約束 —— その意味を明確に約束すること）」から始めよう．

　「1とその数自身でしか割り切れない自然数を素数という．」

　なんとも味気ない定義である．こんなときは少し具体例を見てみるのがよろしい．
　要は，素数というのは，2, 3, 5, 7, 11, 13, 17, …という数のことである．例えば2は素数である（2は1と，2それ自身でしか割り切れない）．
　3も同様にして素数であることが分かる．
　4は，1と4以外2でも割り切れるから素数でない．同様に6は1, 6以外の2や3でも割り切れるから素数でない．
　と，ここまでくると，2より大きな偶数は素数でないことが見て取れる．偶数は2で割り切れるから，例えば，18は偶数であるが，少なくとも1と2と18で割り切れ，「1とその数18自身でしか割り切れない」とはなっていないからである．
　すなわち，2以外の素数は全て奇数である．
　それから，1は素数であろうか？「1だって，1とその数1自身でしか割り切れないから素数ではないか？」とも考えられるが，ふつう1は素数には入れないでおく．別に1を素数としてもよいのであるが，あとあとの議論をするのに，1を素数に入れないでおく方がいろいろな面で都合がいいのでこう約束しているだけのことである（ここでいう「あとあとの議論」というのは，整数に関する数学の様々な議論のことであって，本書のこの

あとの議論という意味ではない).

さて，それで，全ての自然数は，一意に「素因数分解」できる，という事実がある．つまりは，自然数は全て「素数」の「因数（その数を割り切る数 —— かけ算としてその数を構成する数）」に分解できるということである．

こう書くとややこしく見えるが，何のことかというと要は，例えば，12 だったら 2 × 2 × 3 というように，100 だったら 2 × 2 × 5 × 5 というように，自然数はいくつかの素数のかけ算で表されるということである．そして，12 の場合だったら，12 = 2 × 2 × 3 = 2 × 3 × 2 = 3 × 2 × 2 などと，素数（ここでは 2 と 2 と 3）をかける順序はいろいろあるが，登場する素数は，自然数 12 に対しては，「2 が 2 回と 3 が 1 回」というように一とおりである．これが「一意に」素因数分解できる，という意味である．

それから，素数の場合の素因数分解であるが，素因数分解してもその数が出てくるだけである．

例えば，11 は素数であるのでこれ以上素数の因数には分解できず，11 のままが素因数分解した結果である．

以上，少々しつこいぐらいごちゃごちゃと書いたがなんということはない．中学校までで数学を習った読者にとっては当たり前で退屈なぐらいであろう．

しかし，である．これだけの「素数」「素因数分解」まで理解できたところで，もう人類のだれも知らない未解決問題が出てくるのである．その一部は後ほど紹介していこうと思う．

さて，素因数分解というのを考えてみると，要は，数（ここでは以下「数」といったらそれは「自然数」のことを意味する）は素数で表される（正確には，素数の積 —— かけ算 —— で表される）のが見て取れる．

素数とは，いわば数（自然数）の世界の元素のようなものである．どんな数も素数からつくられるからである．

それでは，素数はいくつあるのであろうか？　これはもうユークリッド（エウクレイデスの英語読み——紀元前 300 年ごろの古代ギリシャの数学者，ユークリッド幾何学で有名）のころから分かっている．素数は無限に存在するのである（その証明はここではしないがそれほど難しくはない —— 例えば参考文献 [2] [7] 参照）．

物質世界の元素は 100 いくつと少ししかないが，自然数の世界の元素 —— 素数 —— は無限個存在するのである．つまりいくらでも大きな素数が存在するのである．これだけでもよくよく考えてみれば不思議であるが，実は「いくらでも大きな素数がある」というこの事実が，現代のインターネットなどで使われる暗号を支えているのである．とんでもなく唐突ではあるが，素数の話が現代暗号に深く関係してくるのである．この話も後ほどしようと思う．

5-2 素数の分布の話

素数の話をして「素数分布」の話をしないのはいかにも片手落ちの感じがする．インドの数学者の活躍した最近の話とは直接関係ないのであるが，少しだけ素数分布の話をしよう．さっと流し読みして頂ければよろしいと思う．

素数をもう一度小さい方から並べてみよう．

2, 3, 5, 7, 11, 13, 17, 19, 23, 29, 31, 37, 41, 43, 47, 53, 59, 61, 67, 71, 73, 79, 83, 89, 97, …．

なんとも不規則である．n 番めの素数は何か？ 簡単な式で —— 例えば「n 番目の奇数は $2n-1$」というように —— 素数も表されれば話は簡単なのであるが，そうはいかない．

まず，数直線を描いて，素数をプロットしてみよう．すなわち，素数が数直線上どのように分布しているのかを視覚的に見てみるのである．

図 5-1 は数直線上の 1 〜 20 までの素数の位置に「●」をつけたものである．

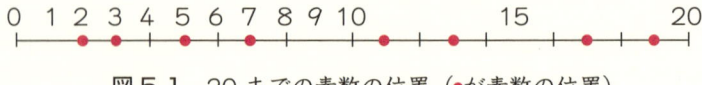

図 5-1 20 までの素数の位置（●が素数の位置）

なるほど，図としてはそのとおりであろうが，●（素数の位置）を見ても，あまり規則性など分かりそうにない．

もう少し大きなスケールで見てみよう．図 5-2 は，図 5-1 と同様だが，50 までの素数の位置を示したものである．ついでに調子に乗って 100 までの素数についても同様に図を描いてみた（図 5-3）．

規則性というほどの規則性はなかなか見出せないが，「素数というのは，どの範囲をみてもけっこうな密度で存在しているな」ということが分かるぐらいであろうか．

図 5-2 50 までの素数の位置（●が素数の位置）

図 5-3 100 までの素数の位置（●が素数の位置）

上のようにしても，なかなか規則性がつかみにくいので，素数の研究においては「x 以下の素数の個数」について調べることが行われる．どういうことかというと，例えば 50 以下の素数の個数は 15 個である．すなわち，1 〜 50 の自然数の中には素数は 30% あることになる．また，例えば 100 以下の素数の個数は 25 個である．すなわち 1 〜 100

の自然数の中で，素数は25％あるわけである，等々．

一般に「x以下の素数の個数はいくつあるのであろうか」ということを調べようというのである．

「x以下の素数の個数」を$\pi(x)$と書くことにする（数学の慣例に従い$\pi(x)$と書いているが，ここではおなじみの円周率のπとは全く関係がないので注意したい．あくまでも「$\pi(x)$」は「x以下の素数の個数」という意味である）．

では$\pi(x)$のグラフを描いてみることにしよう．こういうと何やら難しそうに見えるが，たいしたことはない．

$\pi(x)$とは，繰り返すが「x以下の素数の個数」のことであるから，

$\pi(5)$＝「5以下の素数の個数」＝ {2, 3, 5} の個数＝3

$\pi(6.3)$＝「6.3以下の素数の個数（ということは6以下の素数の個数と同じである）」
　　　＝ {2, 3, 5} の個数＝3

$\pi(20.5)$＝ {2, 3, 5, 7, 11, 13, 17, 19} の個数＝8

　　　⋮

という具合である．

$\pi(x)$のグラフの様子が詳しく分かると素数の分布が分かるので，素数分布を調べるという場合，この$\pi(x)$についてその性質を詳しく調べてもよいことになる．

さて，ここまで理解できれば，読者は$\pi(x)$のグラフを独力で描くことができる．

$\pi(x)$のグラフは，$x=20$まで描くと図5-4のようになる．

$\pi(1)=0$であり（前述したように1は素数とは考えない），$\pi(1.999)=1.999$以下の素数の個数＝0で，$\pi(2)=1$である．というと，$\pi(x)$のグラフは，図5-4で見るように，$x=2$のところまでずっと0をはってきて，$x=2$になったところでピョンと1に跳ね上がるわけである．

同様に，図5-4の数直線上の素数の位置（それは図5-1と同じものが$\pi(x)$のグラフの下に描いてあるが）の「●」があるところで一つずつ跳ね上がることが分かるであろう．

このようにして図5-4が描けたのである．

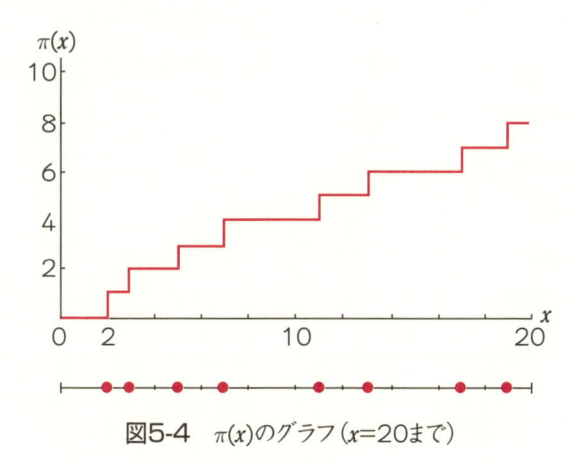

図5-4　$\pi(x)$のグラフ（$x=20$まで）

ただ，これだけを見ても，規則性というのも分かりにくい．

そこでさらに，図5-4と全く同様に$\pi(x)$を$x=100$まで描いてみよう（図5-5）．ついでに$x=1000$まで描いてみると，かなり状況がのみこめてくる（図5-6）．$\pi(x)$のグラフは，大きなスケールで見ると，かなり規則的に増えていくのである．

それでは，$\pi(x)$のグラフはどんな感じで増えていくのであろうか？ ここ以下の話は高校で習う「対数 —— log」の知識が必要であるが，対数になじみのない読者は読み飛ばしてほしい．

なんと，$\pi(x)$は$\dfrac{x}{\log_e x}$くらいで増えていくことが分かっている．

正確に言うと，xをどんどん大きくしていくと，$\dfrac{\pi(x)}{\frac{x}{\log_e x}}$は1に収束する（近づく）ことが証明されている．これは，かの大数学者ガウス（1777～1855）が予想し，アダマール（1865～1963）とド＝ラ＝バレ＝プーサン（1866～1962）という2人の数学者が1896年に証明した定理である（素数定理 —— この内容を「素数定理」と呼ぶ —— が証明されてからもう100年以上がたつのである）．素数の個数の話に対数 log が出てくるなんてこれだけでも数の神秘を感じてしまうのは私だけであろうか．

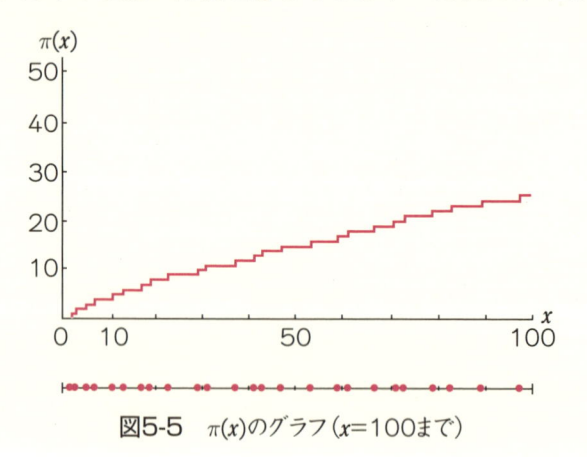

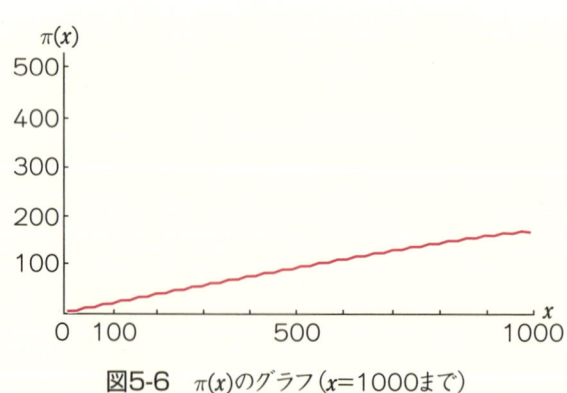

図5-5 $\pi(x)$のグラフ（$x=100$まで）

図5-6 $\pi(x)$のグラフ（$x=1000$まで）

「x を大きくすると $\dfrac{\pi(x)}{\dfrac{x}{\log_e x}} \to 1$」といっても実感がわかないので,$\dfrac{cx}{\log_e x}$ で $c=1$ のグラフと,$c=1.3$ のときのグラフを,さきほどの $\pi(x)$ のグラフと一緒に描いてみると,おおよそ図5-7のようになる.

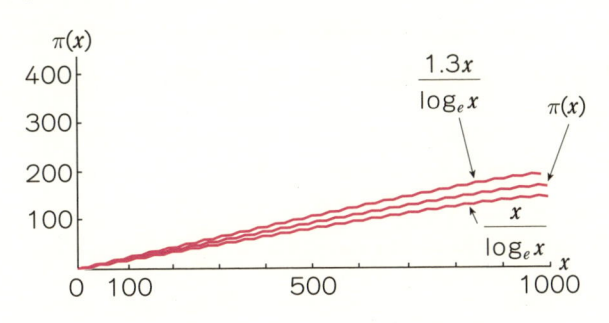

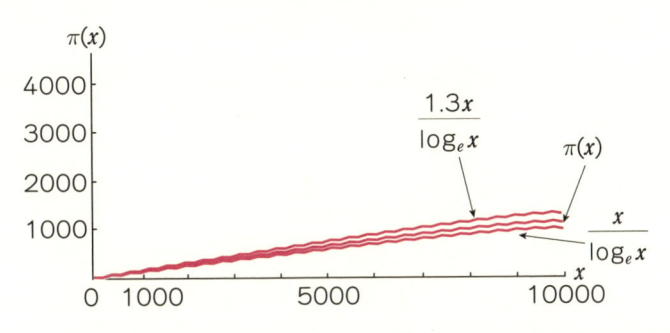

図5-7　$\pi(x)$ のグラフと $\dfrac{x}{\log_e x}$,$\dfrac{1.3x}{\log_e x}$ のグラフ

同様に $x=10000$(1万)まで描いてみる(図5-8).$x=1000$(千)までのグラフと同じような傾向で,目盛りが振ってなければほとんど区別がつきそうにない.したがって,どこまでもこのような調子で,同じような傾向で増えていきそうなことが見えるグラフである.$\pi(x)$ と $\dfrac{x}{\log_e x}$ では x が大きくなっても少し差があるが,この差が $\dfrac{x}{\log_e x}$ に比べてずいぶん小さい,というのが素数定理の述べるところである.

図5-8　$\pi(x)$ のグラフと $\dfrac{x}{\log_e x}$,$\dfrac{1.3x}{\log_e x}$ のグラフ

以上,かなりうだうだと長ったらしいなお話になってしまったかもしれないが,このように,素数の話は,もうこれだけで大変神秘的であり(と私は思う)興味がつきないし,まだ分かっていないことも多いのである.

例えば,素数分布のより詳しい性質 —— $\pi(x)$ のより正確な評価をつきつめていくとそこには「リーマン予想」[※]という,大数学者リーマン(1826〜1866)が予想し,ほとんどの数学者が正しいと思っているが,150年以上も証明されていない数学上の大問題につき当たる [4] [5] [7].リーマン予想が正しければ上記 $\pi(x)$ の様子が今よりも詳し

く分かることになるのである．

しかし，ここでは，そのリーマン予想の紹介が目的ではない．正確に紹介するには，「複素関数論」という数学の知識が相当必要であるが，これは本書の範囲をはるかに超えているし，不勉強な筆者の手に余ってしまう．言葉だけ出しておいて何も語らないのは尻切れトンボとなり残念であるが，お許し頂きたいと思う．

ただ，素数の定義とそこから派生する素数の分布を考えただけで，数学の大問題が少し垣間見えるのである．素数の話がいかに奥深いかを少しでも感じていただけたらうれしいのである．

※「リーマン予想」に関して，「これを証明した」という数学者が出てきている．インターネットでもその論文が公開されている．しかし，この証明は正しいとは認められていないのが現状である．

「リーマン予想」は，クレイ社（有名なスーパーコンピュータのメーカ）が100万ドルの賞金をかけた問題の一つである[4][5]．最初に証明に成功した人には100万ドルの賞金が与えられるのであるが，何しろ問題が問題である．「証明できた」という人が現れても，そう簡単にその証明が正しいかどうかなかなか判定できないのである．

5-3 素数判定と素因数分解の話

素数と素因数分解 —— 何のことはない，中学生でも習うことだ．しかし，これだけでもまだ分かっていないこと —— 未解決問題が出てくる．前節で，インドの数学者とは直接関係がないが，素数にまつわる「素数分布」のお話をした．

それ以外にも素数に関する未解決問題がいっぱいあるのが現状である[7]．本節では，インドの数学者が大活躍した近年の素数に関する話題を紹介しようと思う．

ここから話を始めよう．

現代の重要な暗号は「素因数分解」に基礎をおいている．より正確にいうと「大きな素数二つの積を計算するのは簡単だが，逆に積が与えられたとき，それを素因数分解するのは多分難しいであろう」ということに基礎をおいている（すなわち素数の話が現代暗号では重要になっている）．

それは例えばこういうことである．101と253は素数だが，101 × 253 = 25553と計算するのは比較的簡単である（こんなもの普通の筆算でも簡単にできるであろう）．しかし逆に，ただ単に25553という数が与えられたとき，素因数分解するのは相当の手間がかかる，という意味である．

どうしてこれが暗号になるのか，という議論は例えば[1][6]等を見ていただくこととして，とにかく，素因数分解問題がなかなか解かれないことが暗号をつくったりするために大いに役立つ，という事実のみ頭に入れて先に進もう．

第5章 素数をめぐる話題

　いままではお金になりそうもなかった純粋数学の数論（自然数論）の素因数分解というような理論が，お金になるような時代になってきたのである．
　繰り返すが，「大きな数の素因数分解はなかなか難しくて簡単にはできそうもない──素早く素因数分解する方法はなさそうである」ということが現代暗号を支えている．
　これをしっかり頭に入れておいて先に進もうと思うが，実をいうと「素因数分解は手間がかかる，なかなか簡単にできない」という事実（?）は，実は現在のところあくまでも予想である．
　つまり，多分そうであろうけれども，まだ誰も証明に成功していないので，「事実」とは今のところ言えないということである．したがって，現在の暗号方式はこの予想のもとで，その安全性が保証されているという，なんだかよく考えるとやや頼りない状況にあるのである[※1]．
　さて以上をまとめると，現代暗号の方から，
「大きな数が与えられたとき，
(1) それが素数であるかどうか判定すること
(2) 素因数分解すること」

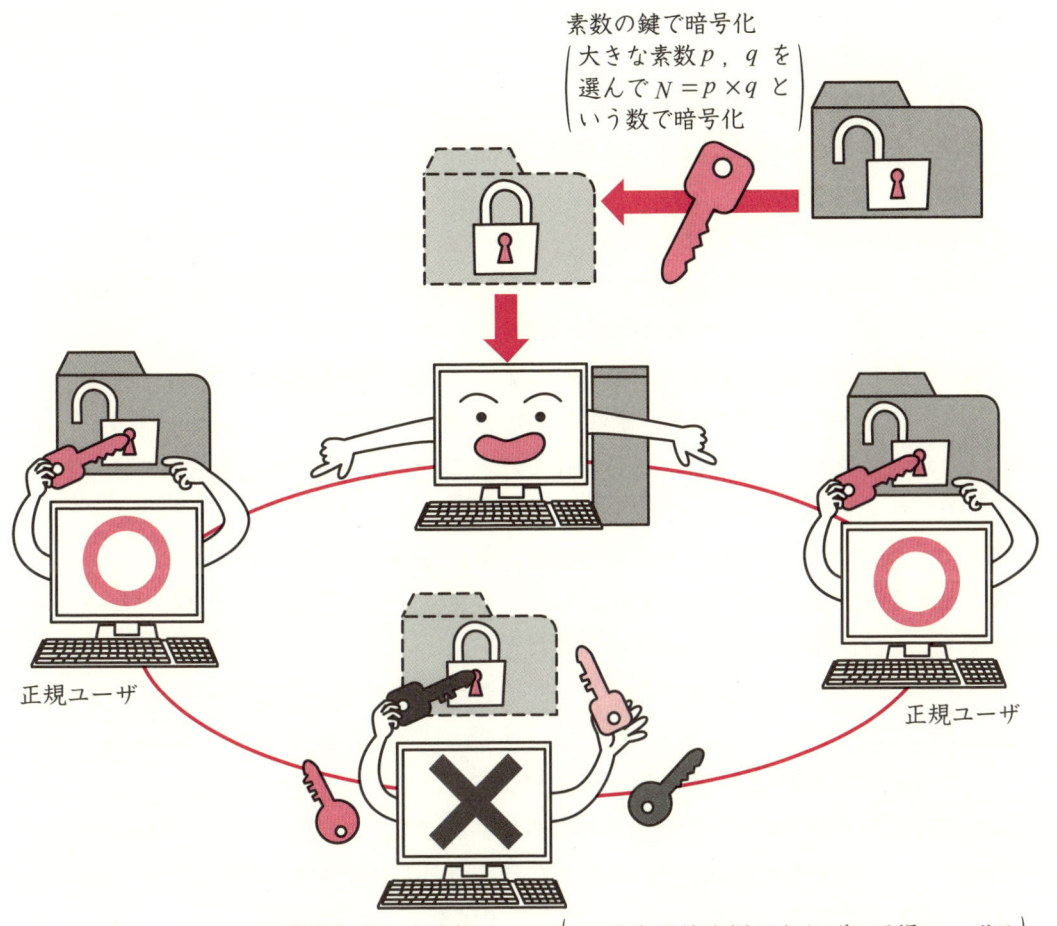

素数の鍵で暗号化
（大きな素数 p, q を選んで $N = p \times q$ という数で暗号化）

正規ユーザ

正規ユーザ

暗号化された情報は正規のユーザでなければ解読が困難！

N を素因数分解できれば，正規ユーザでなくとも解読ができる…．でもそれが難しいからまずは解読されない

という二つの問題が自然に出てくることになる．

少し落ち着いて上の二つの問題を眺めてみよう．

どうということもない，中学校 1 年生ぐらいの問題に見えるかもしれない．しかし，なかなか奥が深いので，少しずつ問題を調べていってみよう．

まず分かることは，「問題としては，(2)の素因数分解の方がむずかしい」ということである．

素因数分解できればそれが素数かどうかは明らかだからである．

つまり，ある与えられた数 n に対して(2)の素因数分解問題が解かれれば，(1)素数かどうかの判定問題は自動的に解かれてしまうからである．

例えば，267 が与えられたとき $267 = 3 \times 89$ と素因数分解できるが，このように素因数分解されれば，267 が素数でないことが分かる．また 251 が与えられたとき $251 = 251$ と素因数分解されれば（すなわちそれ以上分解されなければ），それは素数であることが分かる．

繰り返すと，(2)素因数分解がすぐにできることが分かってしまうと，(1)の素数判定もすぐにできることが保証されるのである．

少し難しい言葉で（しかしより正確に）言うと「素因数分解できる効率的なアルゴリズム（手順）が開発されれば，それは自動的に素数判定の効率的なアルゴリズムになっている．」ということである．

しかしながら，逆に(1)が解けたからといって，(2)が自動的に解けるというわけにはいかない．例えば，「251 は素数だ」と分かったら，そのときは「$251 = 251$ と素因数分解できる」というように，与えられた数が素数の場合はいいが，素数でない場合には，すぐに素因数分解できるわけではないからである．例えば，25553 は素数でないことが分かったとしよう．つまり(1)の問題は解けたが，それで自動的に素因数分解されているわけでなく，ただ単に「これは素数でないから二つあるいはそれ以上の素数の積に素因数分解できる」ということが分かっただけであり，素因数分解はまた別に考えなくてはならないのである．

そういうわけで，(1)が解けても(2)が自動的に解けるわけではない．

繰り返すと(2)が解ければ(1)は自動的に解けてしまう．しかし逆はそうはいかない．(1)が解けても(2)が自動的に解けてしまうわけではない．

すなわち(2)の素因数分解問題のほうが，(1)の素数判定問題よりむずかしいといえるわけである．

したがって，(2)の素因数分解を行う効率的なアルゴリズム（手順）が見つかれば，それは自動的に(1)の素数かどうか判定する効率的なアルゴリズムになっているのである．

何を持って「効率的な手順」というか，などについても数学的に厳密に定義する必要があるが（事実，現在のコンピュータサイエンスではそれが厳密に定義されているが），今は何気なく雰囲気で理解して次に進むことにしよう（後でもう少し詳しく述べたいと思う）．

さて，以上で述べたように中学校で少し習う素因数分解（上でいうと(2)の問題）である

が，なかなか奥が深い．
・まだ「効率的な手順 ── やりかた」がみつかっていない．
・それどころか「効率的な手順などないであろう」と予想されてさえいる．
・しかし実際には，「素因数分解を行う効率的な手順」はないことも，あることも証明されていない．

結局，効率的な素因数分解の方法についてはほとんど分かっていないではないか，ということになってしまう．

読者の中には先ほどから「あれ？」と思われている方がいらっしゃると思う．
「お前はそうはいうけれども，われわれは学校で素因数分解の簡単なやり方を習ったぞ．」というわけである．

例えば，100 を素因数分解するには，まず，100 は 2 で割れるから 2 で割って，答は 50．その 50 はまたしても 2 で割れるから…というので，以下のようなやり方で素因数分解すればいいではないか．

$$\begin{array}{r} 2\,)\,100 \\ 2\,)\,50 \\ 5\,)\,25 \\ 5 \end{array}$$

そうすれば，すぐに $100 = 2 \times 2 \times 5 \times 5$ と出てくるではないか，これはずいぶん効率的ではないか，と．

確かに，「これを素因数分解せよ．」と与えられた数が比較的小さい数の場合はこれで「効率的に ── 短時間で」できそうである．しかし，しかし，与えられた数が 100 ぐらいだと「2 で割れるから」というのがすぐに見つかるからいいけれど，257100002010677（私がいまデタラメに，わざと奇数をつくってみました）なんて数が与えられたとき，この「○○で割れるから」という○○を見つけるのに大変な手間がかかってしまい，この方法は効率的とはいえなくなってしまうのである．このあたりの議論はすぐ後でお話する(1)の素数判定問題のときにもう一度詳しく述べることにしよう．

というわけで，素因数分解（の効率よいやり方）については，謎が多く残っていて，何がなんだか分からないような状況であるということを指摘しておくにとどめることにする．

たった，「素数」と「素因数分解」だけから，
「(1)それじゃ，数が与えられたときそれが素数かどうかを判定する効率的なやり方をみつけよ．」
「(2)数が与えられたとき素因数分解を行う効率的なやり方をみつけよ．」
という，ごく自然な問題が出てくるのだが，人類はこの問(2)の方になんとも答えられないでいるのである．

「今は科学が発達した，むしろ発達しすぎている．」などという声も聞かれるが，こんな

> 素数判定より
> 素因数分解の方が
> むずかしい

ことを見ると,「科学（数学も自然科学の一つである）もまだまだ発展途上だな」などと感じてしまう.

さて, いよいよ, 素因数分解よりも簡単な「(1)素数判定問題」の話に移ろう. 長いこと素数のお話をしてきたが, これこそが, ここの主題である. すなわち, インドの数学者が最近すさまじい結果を出した問題なのである.

少しごちゃごちゃと話をしたので, 頭を整理しよう.
- 現代暗号は「素因数分解が多分むずかしいであろう ── 素因数分解を効率よく行うアルゴリズム（手順）はないであろう」ということに基礎をおいている.
- そうすると, 現代暗号の話から,
(1) 与えられた数が素数かどうか判定する効率よいアルゴリズムを開発せよ.
(2) 与えられた数を素因数分解する効率的なアルゴリズムを開発せよ.
という, 非常に基本的な二つの問題が出される.
- (1)よりも(2)の方がむずかしい問題である.
- 現在(2)に関しては解かれていないし, よく分かっていない.

それで, 結論から先に述べると, より簡単な方の ── といってもこれ一つでも大変な

問題であるが —— (1)の素数判定問題が，つい最近インドの数学者たちによって解かれたのである．すなわち，与えられた大きな数が素数かどうか判定する効率のよいアルゴリズムが発見されたのである．

（「そんな効率のよいアルゴリズムなど存在しない」というような否定的な解かれ方も可能性としてはあったわけだが，今回は「ほら，いいアルゴリズムがありましたよ．こうすれば効率よく素数判定ができますよ．」というような肯定的な解かれ方をしたわけである．）

より詳しくいうと，Manindra Agrawal 氏，Neeraj Kayal 氏，Nitin Saxena 氏らインドの人が「自然数が与えられたとき，それが素数かどうか判定する効率のよい方法」を開発し，2002 年 8 月に論文でそれを発表したのである．その方法は AKS 素数判定法と呼ばれている（3 人の名前の頭文字から命名された）．

AKS 法の詳しい理論について解説している紙数はないので省略するが，論文は [8] からダウンロード可能となっている．また論文そのものはかなり骨があるので，その解説も多数出ている（[9] [10] 等）．

以下では，「効率のよい素数判定法」の「効率よい」とはどういうことかについて考えよう．

ふつうに考えると，素数判定法など簡単に構成できそうである．

素数とは「1 とその数自身でしか割り切れない数」のことであるから，次のようにやればいいでないか．

与えられた数が 21 だったら，
  ・まず，2 で割ると余り 1 だから，割り切れない．
  ・次に，3 で割ると $21 = 3 \times 7$ で割り切れる．おおそうか，21 は素数ではないのだ．
という具合に判定できる．

同様に，与えられた数が例えば 47 だったら，
  ・まず，2 で割ってみる —— 余り 1 だから 2 では割り切れない
  ・次に，3 で割ってみる —— 余り 2 だから 3 でも割り切れない
  ・次に，4 で割ってみる —— 余り 3 だから 4 でも割り切れない
  ・次に，5 で割ってみる —— 余り 2 だから 5 でも割り切れない

以下同様にやって行って，
    ⋮
  ・最後に 46 で割ってみる —— 余り 1 だから 46 でも割り切れない．

結局，2, 3, 4, 5, 6, 7, 8, …46 で割り切れなかった．ということは 1 と 47 でしか割り切れない．したがって 47 は素数である．

以上のように，数 n が与えられたら 2 で割ってみて，3 で割ってみて，…，$(n-1)$ で割ってみる．

そのうちのどれか一つでも n を割り切るものがみつかったら n は素数ではないし，これらのどの数でも割り切れなかったら n は素数である．

現代はコンピュータが発達しているのだからこの方法をコンピュータに教え込み（すな

わちこの考え方でプログラムを設計し）計算させれば，あっという間に素数判定などできるではないか．

なるほど，もっともな意見である．確かにこれで与えられた数 n が素数であるかどうかを正しく判定するアルゴリズムを構成できる．コンピュータですぐに実現することもできる．

問題は「効率がいいかどうか」ということである．実はこの方法は効率が悪い方法と判断されるのである．現代のコンピュータでさえも，与えられた数 n が大きくなると，この方法では時間がかかり過ぎてお手上げなのである．

なぜなのか考えてみよう．

与えられた数 n が素数でなく偶数だった，というような場合は，「2で割って…と，あ，割り切れた．n は素数でない．」とすぐ結論が出るからよいのであるが，n が大きな素数の積であったり，あるいは n 自身が大きな素数の場合になるとなかなかやっかいなのである．

いま n が素数であるとしてみよう．

上の $n = 47$ の例でみたように，このやり方では2〜46まで（一般の n では2〜$(n-1)$ まで）$(n-2)$ 回「これで割りきれるか，それではこれで割り切れるか…」という割り算をしなくてはならない．

まだ n が47のように小さい場合はよい．現代の暗号で扱うのは，n が100けたの数（100

程度の数ではない！100 けたの数である！）などというのはざらである．

今，100 けたなどよりずっと小さい 26 けたの数，例えば $n = 10^{25} + 3 =$ 10 000 000 000 000 000 000 000 003（1 と 3 の間に 0 が 24 個入っている）が素数かどうか判定せよ，などという問題だったらどうであろう．

今のやり方では，$n - 2 =$ 10 000 000 000 000 000 000 000 001 回，すなわち 10^{25} 回以上の割り算が必要になる可能性がある（それが素数の場合）．これは今のコンピュータでどのぐらい時間がかかるのであろうか？

例えば，1 秒間に 1000 兆回割り算ができるコンピュータでやった場合どれぐらい時間がかかるか計算してみよう．1 秒間に 1000 兆回というのは，1 秒という短時間に 1 000 000 000 000 000 回 $= 10^{15}$ 回割り算を行う，高性能のコンピュータである．

こんな高性能のコンピュータでさえも，$(10^{25} \div 10^{15})$ 秒 $= 10^{10}$ 秒 $\fallingdotseq 3.17 \times 10^2$ 年，すなわち，300 年以上かかってしまう．

これでは，この素数判定のやりかたは，効率がよいとは言えないことは明らかである．

現代の暗号では 100 けたの数などを扱うのに，たかが 20 数けたの数でこのありさまである．もし将来，1 秒間に 10^{20} 回の割り算ができるコンピュータ（さきほどの高性能コンピュータの 10 万倍の性能である）が開発されたとしても，100 けたの数の素数判定を行うにはとてもこのやり方ではだめだということが分かる（興味ある読者はどのぐらい時間がかかるものか計算してみるとよいと思う）．

つまり，少々コンピュータが発達したぐらいでは，このやり方を採用する限り，素数判定は現実的にはできないのである(※2)．

そこで，登場するのが，AKS 法である．「もしかしたら，素数判定問題は効率的なやり方がないのではないか」という予想もあったが，上の 26 けたの数を 1 秒間に 1000 兆回割り算ができるコンピュータで素数判定した場合，なんと 3 秒以下程度で解けるような方法なのである．

　（正確には —— やや細かくなって恐縮であるが —— 先ほどの方法では与えられた数が n のとき $(n - 2)$ 回の割り算を必要としたが，AKS 法では $(\log_2 n)^8$ 回程度の割り算しか必要としない方法である．実は $(\log_2 n)^6$ 回で済むのではないかという予想もされている．）

この方法の詳しいところはここでは述べられないが，とにかく効率のよい方法がインド人により発見されたということである(※3)．インドの数の感覚に非常にすぐれた人たちが，世界をあっといわせたのである．

このような話を聞くと，素数の奥の深さ，また同時にインド人の数に対する感性を考えてしまう．ラマヌジャンにしても，この 3 人の数学者にしても，一種独特の，数とくに整数に対する感覚があるのではないか，それはどこからくるのであろうか，などとついつい想像してしまうのである．

もちろんインドの人たち全員の数感覚がこのように天才的だ，などと言っているのではない．ときどきすごい感覚の人が生まれるのである．それはどの民族にも，日本民族にも

当然言えることであろうが，特にインド人の感覚は独特であり，それはインドの人たちの多くが暗算の達人であり，数の感覚にすぐれているということが大きな要因の一つである，と私は感じているのである．

※1 素因数分解は「量子（りょうし）コンピュータ」という新しい方式のコンピュータが開発されれば，簡単に解かれてしまう —— したがって，現在の暗号方式の安全性がくずれてしまう —— ということが分かっている．そこで量子コンピュータの開発に向けて，現在盛んに研究されているところである．しかし，様々な困難があり，なかなか実現はすぐというわけにもいかない状況である．

※2 実は，今の方法は $2 \sim (n-1)$ までの数で割ってみたが，$2 \sim \sqrt{n}$ ぐらいまでやればよい，ということがすぐに示せる．したがって，だいぶ効率はよくなるが，それでも，大きな数 10^{50} 程度の数になるとお手上げである．

※3 現代のコンピュータサイエンスでは，「計算量理論」と呼ばれる分野があり，「効率的でない，効率がよい」とは次のように厳密に定義されている．

「入力データ数（入力けた数）m の指数関数（例えば 2^m など）の演算が必要なやり方，アルゴリズムは現実的に使えない —— 効率的でない ——，また m の多項式（例えば m^5 など）回数の演算で計算が終わるものは現実的に使える —— 効率がよい ——」と判断される．

例えば，$n = 10^{25} + 3$ の場合，入力けた数は $m = 26$ であり，割り算が 10^{25} 回必要なアルゴリズム（手順）は，0.1×10^m 回ということで，m の指数関数であり，効率が悪いと判断されるのである．

【もっとくわしく知りたい人のために】
[1] 太田和夫他著「情報セキュリティの科学」 講談社ブルーバックス，1995 年
[2] 好田順治，素数の不思議，現代数学社，1999 年
[3] J. ダービーシャー著（松浦訳），素数に憑かれた人たち，日経 BP 社，2004 年
[4] 中村亨，数学 21 世紀の 7 大難問，講談社ブルーバックス 2004 年
[5] 一松信他著，数学七つの未解決問題，森北出版，2002 年
[6] 一松信，改訂新版 暗号の数理，講談社ブルーバックス，2005 年
[7] 吉永良正，数学・まだこんなことがわからない，講談社ブルーバックス，2004 年
[8] Primes is in P, http://www.math.princeton.edu/~annals/issues/2004/Sept2004/Agrawal.pdf
[9] 出典：フリー百科事典『ウィキペディア（Wikipedia）』AKS 素数判定法
http://ja.wikipedia.org/wiki/AKS
[10] 多項式時間素数判定アルゴリズムについて
http://www.h4.dion.ne.jp/~a00/ms_project_jp.html

6

暗算の力と数学者・プログラマー

なぜインド人のプログラマーが世界中で活躍しているのだろうか

　インド出身の優秀な人たちが世界中で大活躍している．特によく聞くのは優秀なプログラマー，ソフトウェアエンジニアとして多く活躍しているということである．

　また，本書でも述べたように，ラマヌジャンとか，素数判定アルゴリズムのいい方法を見つけて世界をあっと言わせるような考えが生まれることがある．

　もちろん，他の国だって，天才数学者はたくさん出ているのであり，それはインドに限らないではないか，という反論もあるであろう．また，インドは人口が多いのだから，多くの優秀な人が出るのだ，という考えも当然出てくるのであろう．（これらの反論に対してさらに反論するデータを示すのはそう簡単ではない．）

　しかし，それにしてもインドの人たちの活躍ぶりには目をみはるものがある．

　以下では，上の反論は無視させて頂いてなぜインドの人たちから優秀なソフトウェアエンジニア，数学者が多く生まれるのかについて考えていこうと思う．

　その大きな要因としては，なんといっても，インドの数学教育があげられるのではないだろうか．それでは，

- インドでは，どのような数学教育をしているのだろうか
- どうしてそのような数学教育がコンピュータのソフトウェア開発や高等数学をやる上で重要になるのだろうか
- 昔は我々日本人は算数，数学がよくできると言われたが，今ではそうでもなくなってきた．これでいいのだろうか？

というようなことを順に考えてみたい．

　インド旅行で買い物をして，お札（さつ）を出して
「おいおい，おじちゃん，おつりの計算は大丈夫かい？」
と大変失礼なことを考えていたら，おじちゃんの暗算で出してくれたおつりは正確だった，というような話を聞いたことがある．

　もしかしたら，それは日本人のおじちゃんに対して，「おじちゃん，6×8（ろくは）はいくつだい？」と聞くようなことだったのかもしれない——普通の日本人だったら，かけ算九九は身にしみついているはずであり，こんな質問は愚問であり，大変失礼な質問になるであろう．

　インドでは，よく知られているように，子供のうちに日本のかけ算九九よりも約4倍もの量の19×19までの結果を暗記させるというのである．

　そして，2けた×2けたのかけ算は相当な速さで暗算できるようにしてしまう．

　これはすごい．そしてこのことは基本中の基本であり，これを当然のこととして，より上の数学教育では考える力（ちょっとむずかしくいうと「論理的思考力」）を育てる証明問題を重視した内容となっている．

　東京にあるインド系の学校（中等教育）では，8年生（というと日本でいうと中学2年生ぐらい）の授業が，1コマ＝30〜40分で，週5日（月〜金），1日9コマの授業，

うち数学は週7時間という．かなり，数学を大切に扱っている内容である．みなさんの学んでいる（学んだ）時間割と比べたらどうだろうか？

あと少し，ちょっとむずかしいがさっと大学ぐらいまでの様子を見ておくことにしよう．

「第10学年までの基礎レベルの間に数学と理科を必須科目としている．第11学年，12学年では公的試験の結果によって専門コースに分かれるが，数学を選択しない学生は少数である．」（「インドにおける数学教育と研究」（Balasubramanian Chandra）より）

大学では，インド国内の七つの国立工科大学（受験者数100万人以上，3500人が合格というから，大変な競争率である）では「数学科」を有し，数学科の課程では女子学生も多数いるという．修士課程では60％，博士課程では75％が女子学生である（同上）．

大学では，「数学の勉強，研究が現実とかけ離れていてつまらない学問である」と思う学生が出がちであるから，具体的に数学をどう使っていくかという実践教育も含めて教育を行っているという．

インドの教育で特に注目したいのは，やはり子供のうちに大量に 19×19 までのかけ算結果を，日本の九九のごとく暗記させること，これが大きいと思う．

しかも，これらの計算結果がなぜ出てきたのかの理由や説明についても考えさせ，その上で記憶させる．

必然的に，19 よりももっと大きな数のかけ算にも応用できるようになるであろう．
これはなかなかすごい内容だが，このような計算の結果を，われわれが九九を暗記するのと同じ感じで覚えていて，その理由もすぐに説明できて，そのほかの計算を素早くやる方法が身についているというのは，あとあといろいろな勉強をするのに大きな力になる．
それは，コンピュータ関連の勉強や仕事，数学関連の勉強や仕事に限らず，全てのことに大きな力になると考えていいと思う．
どうしてこれらが大きな力になるのかというと，次の二つがあげられると思う．

(1) ものごとを理解するのに，計算はしなくてもよいということは，計算でないものごとの本質を理解するのに力を注げる．（結果は九九のように覚えている，あるいはすぐに暗算で計算できるからいちいち紙で計算しなくてよいとなると問題の本質が見える．）
(2) 小さいころから，難しいこと（複雑なかけ算表を覚えておくこと，なぜそういう答が出るのかなどの計算過程や理由）を自然に脳が記憶したり考えたりしていて，自然にさらに難しいことが考えられるようになっている．

(1)から考えていこう．
われわれがよく遭遇する問題には，計算と論理が入り組んでいるものが多い．
何も難しい数学の問題でなくてもよい．例えば，
「ある会場で 11:00 から会議がある．何時に出かけなくてはならないか？
ただし，その会場までは地図でみると 60km 離れている．
自動車は信号待ちなど考えて平均で時速 30km がいいところである．さらに，余裕を 30 分ほどとっておきたい．」
このような問題はだれも日常でよく解いているであろう．
問題の本質は「会場までどれだけ時間がかかるか」＋「余裕をどれだけとるか」で全体の時間が出て，それを会議開始の 11:00 から引いて逆算すればいい．
このような考え方の道すじがあって，次に「会場までどれだけ時間がかかるか」というところで計算（60km ÷ 30km/h ＝ 2 時間）が必要になる．
計算ができたら，2 時間＋余裕 30 分＝ 2 時間半前に出かければよろしい．ということは 11:00 の 2 時間半前＝ 8:30 に出発すればいい．
とこのようにこの問題を解くことができる．
なんということもない．この程度の問題だったら，ふつうの人は暗算で簡単に解くことができると思う．
ところが，これが「会場まで 673km，時速 34.5km」「余裕は顔洗い，お着替えの時間＋ 25 分ほど」となったら，私たちはとっさに「あ，計算がめんどうだ，いやな問題だな」と感じてしまう．特に暗算が苦手な私など「めんどうだ，考えるのもいやだな」となって

しまう．

　しかしよく考えてみよう．答の出し方までの考え方は前のときとなんら変わることはない．ただ計算するのに，（私などは）電卓が必要になり，「顔洗いとお着替えの時間で何分とみるか」ということを見積もる作業が増えるだけである．

　ところが，人間というのは，計算がむずかしそうだと感じると，解き方を考えるのもいやになることが往々にしてあるということに注意しておこう．本当は，答を出す方法と計算とは別のものとしてよいのに．

　つまり，$60 \div 30$ のときは問題が簡単に思えたのは，これは私たちは暗算でできるからである．

　こんな簡単な問題では実感できなかったかもしれないが，ここで私が言いたいのは，いろいろな問題は，答をみつけるまで，"解き方を考えること" と "計算をする" という二つの側面があり，人間は計算がややこしそうだと，本能的に解き方もめんどうだと思ってしまう，ということである．

　このことを裏返して見てみると，計算が簡単にできる自信があれば（そして実際に暗算できる力があれば），問題を解く方法のほうに集中力を傾けることができるということなのである．

　そういうわけで，（応用力や文章読解力はもちろん大事だが，その前に）計算力をアップさせておこう．そうすれば算数の力が（問題を理解したり，解いたりする力が）各段にアップするだろう．このような考えで，計算力アップにかなりの時間をさくような教育をする塾もあるぐらいである．

　さて，長くなったが，そうして見た場合，インドの数学教育の，「子供のうちに大量に 19×19 までのかけ算を暗記させること，しかも，これらの計算結果がなぜ出てきたのかの理由や説明についても考えさせ，その上で記憶させる．」という方法は，算数，数学，理科，その他のいろいろな問題をやるのに，大きな力となることが分かるであろう．つまり，計算力があるのとないのでは，問題に取り組むときの，なんといおうか，脳の力，勢い，ポテンシャル（潜在能力）がまるで違ってくるのである．

　私は先ほど次のように述べた．

(2)　小さいころから，難しいこと（複雑なかけ算表を覚えておくこと，なぜそういう答が出るのかなどの計算過程や理由）を自然に脳が記憶したり考えたりしていて，自然にさらに難しいことが考えられるようになっている．

　このことがなぜ他の勉強などをするのに大きな力になっているのだろうか？

　ここで，少しわき道にそれるが，いくつか話をしてみよう．

　昔の日本の人たちは寺子屋で子供のころから「素読」というのをやっていたという．

　素読というのは，意味は分からなくてもいい，読むだけはすらすらと読めるし，暗唱もできる，というようなことである．多くは論語などの漢文をやっていたということである．

　よく時代劇の寺子屋の風景で見た人も多くいると思うが，あれである．

> 子曰、學而時習之、不亦說乎。
> 有朋自遠方來、不亦樂乎。
> 人不知而不慍、不亦君子乎。

　現代教育を受けた者（あるいは受けつつある中学生，高校生，大学生）にとって，「そんな意味もわからず覚えることなど無意味なことであり，役に立たないのではないか」などと思ってしまいがちである．あるいは，「子供にはむずかしすぎることを教えるのはいかんじゃないか」などと考えてしまいそうである．

　はたしてそうであろうか？

　むしろ，こんなむずかしいことが，常識のように子供のころから身についていたらと考えると，すごい教養，勉強するときのすごい勢いをもった人になると考えるのは想像が過ぎるであろうか？

　私は，想像が過ぎるなどとは思わない．なんでも，意味も分からずに暗記できる時期に難しいことを，たとえ意味を理解しなくともたくさん覚えておくというのは，その人の——難しい言葉でいうと，人間力，思考力，含蓄に非常に大きな影響を与えると思うのである．

　そういえば，お隣中国での話，子供たちに正確な漢字は難しすぎるからというので，漢字を略字で教えるようにしたことがあったという．そうしたらその結果，複雑な思考のできない人たちが増えたという．そこで，急いでもとの略さないむずかしい漢字で教育するように戻したと聞く．

また，日本でもスケールの大きな学者が多数でているが，子供のころからの漢文の素養のある人たちも多かったように思う．例えば湯川秀樹博士（1907〜1981．理論物理学者，ノーベル賞受賞）の家系が代々漢学者だったとか．小平邦彦博士（1915〜1997．数学者，フィールズ賞受賞）のお祖父さんは，漢文の教養があり，小平先生が漢文のこのところが分からないと言ったら，「こんな簡単なのが分からないのか」というような顔であきれられたとか．とにかく，少し前までの日本には，「多くの人が漢文のむずかしいのを身にしみこませていることによる力」というのがあったように思われるのである．

　子供のころから，むずかしいことを（ただしよい題材を精選して）無理にでも暗記させる，という教育を国は怠ってはいけないのではないだろうか，というのが私の考えである——現在はなかなかそのような教育はなされていないようであるが．

　このような教育により，本当に難しいことが正しく考えられる人たちが多くなっていくのであると思う．

　そういえば少し前に，円周率πを「約3である」と小学生に教えるという教育があったと思う．

　これなど，むしろ逆で，「日本人は円周率を100けたまで暗記することが義務である」という教育の方が（こんな教育は聞いたこともないが，例えばあったとして）一見無茶苦茶に見えて実は合理的であるとさえ私には思われるのである．

　だいぶ話がわき道にそれたが，とにかくそういうわけで，小さいうちから，むずかしいことを丸のままたくさん覚えておく，というのが勢いのある脳をつくることになると考えられる．

　そうすると，この意味でも「子供のうちに大量に19×19までの結果を暗記させること，しかも，これらの計算結果がなぜ出てきたのかの理由や説明についても考えさせ，その上で記憶させる．」というインドの教育は，理にかなっているのだなあと私は考えている．

　そうすると，コンピュータのソフトウェアの世界，数学の世界で活躍する人たちが多数出てくるのは当然の理となると思う．

　ここで誤解のないようお話しておくと，実は，数学（特に大学以上の数学，あるいは数学界の最前線での問題を解くようなレベルの数学）では，計算というのはあまり関係がないのである．

　そりゃまあ，暗算が速い方がいいといえばいいのであるが，上のレベルの数学では，計算とは全く別のところを思考するのであって，計算ができなくても全くさしつかえない．

　実際，ルベーグ（1875〜1941）先生という数学の巨匠がいたのだが計算は私たちよりも苦手であったということである（高校で習う積分は「リーマン積分」と呼ばれるものである．積分にもいろいろあるが，高校のリーマン積分では計算しきれない積分問題が出てくる．それをも計算できるようにしたルベーグ積分というのがあるのであるが，それを考えたのがこの計算が苦手なルベーグ先生である）．

　とにかく，数学的な思考というのには計算は関係がない．関係はないが，インドの数学

教育のように，計算結果だけでなく，その理由を考えさせたり，証明問題を多くやったりするということが，前に述べたような理由で，論理的な考え方ができる力がアップし，したがって，数学，コンピュータはもちろん，他の分野をやっていくのに大きな力，大きな勢いとなっているということだと思うのである．コンピュータや数学の分野でそれが目立っているが，本当のところは他の様々な分野で活躍できるポテンシャル（潜在能力）がインドの優秀な人たちにはあるということだと思う．

インドの数学教育について簡単に見て，またそれがなぜ優秀な人たちを排出しているのか，について考えてきた．

ここで少し，日本の数学教育について述べてみよう．これは主題が大きすぎるので，私ごときが言うのもおこがましいが，日ごろ感じていることを少しだけお話してみる．

50〜60年前のアメリカでの話だったと思う．アメリカでは日本人の転校生がくるとみんな喜んだそうである――「算数（数学）の宿題を教えてもらえるぞ」――というわけである．

多分，かけ算（九九）を暗記していること，国語の教育がしっかりしていたことなどが大きく影響していたのではないだろうか．実際に，私は昔の国語の教科書を見たことがある．確か小学校5年生のものだったと記憶しているが，なんと格調高い文章かとびっくりした覚えがある．今の高校生，いや大学生でももしかしたら読みきれないのではないか，と思ったほどである．

このような暗算力と国語力があったら，英語など少しぐらいできなくても――英語はその環境に住めばそのうちしゃべれるようになるだろう――やはりそれは大きな力なのである．

さて，現在では，日本の若い人たち（中学生，高校生，大学生の人たち）の間で「理数系離れ」が増えているという．日本全体でこの大きな問題が指摘されてからずいぶんになる．

若い人たちの理数系離れを防ごうと多くのイベントも各地でもよおされてもいる．

日本の若い人たちの多くが理数系の勉強をきらいになると，コンピュータをはじめとする様々な分野のエンジニアも少なくなり，よく言われるように資源のない日本はかなりの危機に落ち入るというので，日本全体も必死なのである．しかしながら，このようなイベントよりも重要なのは，やはり子供のうちの教育にあると私は思っている．

理数系の勉強は，本来はとても楽しいものである．その楽しさに行くために，計算力やら，論理的思考力やら，苦しい部分も必要となる．そこで楽しさを感じることのできる，勢いのある頭脳を形づくる教育こそが大切なのだと思っている．

　（理数系の勉強のスリリングな感じを少しでも知っていただくために本書では，少しむずかしい
　　話とは思ったが，「素数をめぐる話題」「すべての数はラマヌジャンとお友だち」という二つの
　　ところで，数学の未解決問題の話を入れさせてもらっている．むずかしいといっても中学校の

数学の知識ぐらいしか必要としないようにしてある．場合によっては数学好きな中学生だったらだいたいは読めると思う．）

理数系の勉強の面白さにわくわくとするぐらいに興味をもってもらうと日本もかなり安心なのだと思うが，それにはやはり何度も言うが，算数，数学教育が重要だと思われる．

ただ，算数，数学という勉強は毎日少しずつ頭を使っていないとなかなか身につかないものである．

しかも，今まで指摘してきたように，小さいころから（教えることは精選して本当によい題材を選んで）むずかしいことを覚えるとよい．

ということは，結論はみえている．

時間をいっぱいかけて，教える内容としては，よいこと，しかもある程度むずかしいことを，たっぷりと若いうちから頭脳に入れることである．

「つめこみ教育はいけない」などという声も聞こえてきそうだが，小さいうちはいくらでもつめ込める柔らかい脳をもっている．この時期にいいことをつめ込んで何が悪いのか，と私はいいたい．

さて，この「よいつめ込み教育」を考えるために，インドの数学教育はおおいに参考になるのではないかと私は考えているところである．

話をまとめてみよう．

以上で，インドの数学教育，なぜそれがコンピュータや数学をやる上での力となるのか，などについて考えてきた．

私の結論は，そのような小さいうちからの教育は，論理的な考え方ができる力がアップし，したがって，数学，コンピュータはもちろん，他の分野をやっていくのに大きな力，大きな勢いとなっているということだと思う．コンピュータや数学の分野でそれが目立っているが，本当のところは他の様々な分野で活躍できるポテンシャル（潜在能力）がインドの優秀な人たちにはあるのではないか，ということであった．

今は，インドの人たちがコンピュータのソフトウェア分野（プログラム設計の分野）で大活躍しているといわれている．

コンピュータの分野にはハードウェア（コンピュータの回路）の分野もある．インドではハードウェアの生産はあまり活発でないとも言われるが，ハードウェアも $\{0, 1\}$ を扱う回路の設計までは全く数学的に扱える（実際に回路を実現して動くようにするには電子工学，物理学などの知識が相当必要になるが）．

現在のほとんどのコンピュータは，その内部ではデータは全て0と1で表現され，0，1の世界で動いている（第2章［補足］参照）．それを扱う回路の設計までは数学的に考えられる．ということは，インドの人たちから優秀なハードウェア設計者が多数出てきてもおかしくない．

そういった意味で，コンピュータソフトウェアの分野ばかりでなく，様々なところで今

後ともインドの数学教育を受けた人たちがますます活躍することが予想されると思う．
　インドの初等の数学教育を受けた人，国民の多くが 19×19 までのかけ算を記憶し，暗算力ももっている（もしかしたら，ある階層の人たちの多くが，と言った方がいいかもしれないが）としたら，それは国の大きな力となるのである．
　そういう人たちは，複雑な思考を要する仕事ができるということであり，その中から，とりわけ優秀な人たちが大学に進学する（前にも書いたが，国立の工科大学の競争率はすごいものがある）．そうして大学を卒業して世界各国で活躍する．
　当然といえば当然の結果なのかもしれない．
　つまるところ，国民の多くが常識としてむずかしいことが身についている，教養があるということは，大げさにいうと，国力――国のもっている力だな，と思う．
　少々物騒だが「戦争をしたら勝てる」というのも国力である．
　「ロケットをつくって宇宙まで飛ばせる」というのも国力である．
　「地震などの災害が起こったときに国民を守れる」というのも国力である．
　これらは，ある意味「目に見える」国力である．
　それに比べて，「国民の多くが 2 けた×2 けたの計算がすらすらできる，そのうちのかなりの部分は暗記している」というのは，目には見えないし，すぐに何かができるというものでもないが，今まで考えてきたように，静かな――しかしポテンシャル（潜在能力）という意味で大きな――国力だと考えられるのである．

索 引

記号

- ∞ 57
- e 72
- π 72
- $\pi(x)$ 79

<あ>

- アルゴリズム 84
- 誤り訂正符号 57
- 暗号 77, 82

<い>

- インド記数法 28
- インドの数学教育 92
- 因数 77

<え>

- AKS素数判定法 87

<か>

- ガロア 57, 62
- ガロア体 57
- カントール 42
- 加減乗除 46

<き>

- 逆元 42

<く>

- グレゴリー 71
- 空 32
- 位取り 28
- 位取り記数法 30

<け>

- 計算量理論 90
- 結合法則 42

<こ>

- コーシー 62
- 交換法則 42
- 効率的なアルゴリズム 84
- 小平邦彦 97

<し>

- 10進数 33

<せ>

- 0の発見 31

<そ>

- 素因数分解 82
- 速算法 6
- 素数 76, 82
- 素数定理 80
- 素数判定問題 85, 86, 87
- 素数分布 78

索引

<た>

体 …………………………………………… 56
建部賢弘 …………………………………… 71
単位元 ……………………………………… 42

<ち>

抽象代数 …………………………………… 47

<て>

デデキント ………………………………… 42

<と>

閉じている ………………………………… 43

<に>

2進数 ……………………………………… 33

<は>

ハーディ …………………………………… 63
パンチャシッダーンティカー ………… 31, 56
万能数 ……………………………………… 73

<ひ>

p進数 ……………………………………… 33

<ふ>

ブラーフマスプタシッダーンタ ……… 31, 56
ブラフマグプタ …………………………… 31
分配法則 …………………………………… 42

<へ>

ペアノ ……………………………………… 39

ペアノの公理 …………………………… 39, 41

<め>

命数法 ……………………………………… 27

<ゆ>

ユークリッド ……………………………… 77
湯川秀樹 …………………………………… 97

<ら>

ライプニッツ ……………………………… 71

<り>

リーマン …………………………………… 81
リーマン積分 ……………………………… 97
リーマン予想 ……………………………… 81
リトルウッド ……………………………… 64
量子コンピュータ ………………………… 90

<る>

ルベーグ …………………………………… 97
ルベーグ積分 ……………………………… 97

<ろ>

ローマ数字 ………………………………… 28

●著者紹介●
大槻　正伸（おおつき　まさのぶ）
1982年　茨城大学工学部情報工学科卒業
1984年　東北大学大学院工学研究科博士前期課程修了（情報工学専攻）
2001年　茨城大学大学院理工学研究科博士後期課程修了（情報・システム科学専攻），博士（工学）
現　在　福島工業高等専門学校　電気工学科教授

© Otuki Masanobu　2008

「インドと数学」その不思議

2008年6月30日　第1版第1刷発行

著　者　大槻　正伸
発行者　田中　久米四郎
発行所
株式会社　電気書院
www.denkishoin.co.jp
振替口座　00190-5-18837
〒101-0051
東京都千代田区神田神保町1-3　ミヤタビル2F
電話　(03)5259-9160　FAX　(03)5259-9162

ISBN 978-4-485-30102-9　C3041　　　　松浦印刷㈱
Printed in Japan

- 万一，落丁・乱丁の際は，送料当社負担にてお取り替えいたします．上記住所にお送りください．
- 本書の内容に関する質問は，書名を明記の上，編集部宛に書状またはFAX (03-5259-9162) にてお送りください．本書で紹介している内容についての質問のみお受けさせていただきます．また，電話での質問はお受けできませんので，あらかじめご了承ください．

- 本書の複製権は株式会社電気書院が保有します．
  JCLS ＜日本著作出版権管理システム委託出版物＞
- 本書の無断複写は著作権法上での例外を除き禁じられています．複写される場合は，そのつど事前に日本著作出版権管理システム（電話 03-3817-5670, FAX 03-3815-8199）の許諾を得てください．